21世纪职业教育规划教材

电气控制与机床电路检修

李 莉 主编

上海科学技术出版社
国家一级出版社
全国百佳图书出版单位

内 容 提 要

全书首先介绍了三相异步电动机的启动控制、调速控制、反转控制和制动控制，这些内容代表了现代生产设备的驱动控制。在三相异步电动机典型控制基础上，增加了控制线路安装、调试与维修的技能训练；在熟练完成控制线路安装基础上，增加了对车床、钻床、磨床电气故障进行排除的训练，进一步提升了学生理论联系实际的能力。课程内容贴近实际工作情景和工作岗位要求，有助于提高学生的专业综合能力。全书共包括四个项目，每一个项目由若干模块(或若干任务)组成，每个模块又由若干任务组成。教材以任务为引导，图文并茂地讲解了电气控制线路的安装、调试与维修。本书纸质教材中融入视频、图片等数字资源，寓教于乐，提升学生学习乐趣和教学互动效果。

本书适合作为中专、中职学校电气运行、机电技术应用以及电子信息类相关专业教材，也可作为企业技术人员的参考资料和培训用书。

图书在版编目(CIP)数据

电气控制与机床电路检修 / 李莉主编. —上海：上海科学技术出版社，2020.1

21 世纪职业教育规划教材

ISBN 978-7-5478-4729-9

Ⅰ.①电… Ⅱ.①李… Ⅲ.①电气控制—中等专业学校—教材②机床—电路—检修—中等专业学校—教材 Ⅳ.①TM921.5 ②TG502.7

中国版本图书馆 CIP 数据核字(2019)第 288322 号

电气控制与机床电路检修

李 莉 主编

上海世纪出版(集团)有限公司
上 海 科 学 技 术 出 版 社 出版、发行

(上海钦州南路 71 号 邮政编码 200235 www.sstp.cn)

浙江新华印刷技术有限公司印刷

开本 787×1092 1/16 印张 7.5

字数：170 千字

2020 年 1 月第 1 版 2020 年 1 月第 1 次印刷

ISBN 978-7-5478-4729-9/TM · 65

定价：35.00 元

前言

电气控制与机床电路检修是机电一体化技术专业学习领域课程中的核心课程。本书以机电行业的职业能力培养为切入点，分析相关岗位包含的实际工作任务，确定本专业的典型工作任务。教材以常见典型机床为对象，以实现电动机经典控制电路为线索展开，进行课程的重新构建，将三相交流异步电动机的典型控制项目化，将三相交流异步电动机的控制线路任务化，把学习领域转变到工作情景领域，实现理实一体化的学习模式。

本书主要有以下几个特点：

1. 坚持职教特色，突出质量为先；坚持产教融合，校企双元开发。

2. 坚持以岗位能力为本位，重视学生职业能力的培养，并充分结合产业人才培养需求。

3. 采用理论与实训同步编写模式，融“教、学、做”于一体，使教材内容更加符合中职学生技能学习的认知规律。

4. 从学生的视角出发，以“实用”和“够用”为原则组织教学内容，用新颖的表现形式架构教材内容，吸引学生并激发学生的兴趣，突破传统教材的编写理念。

5. 注重学生综合能力培养。通过工作任务将理论基础知识融入技能实践中，让学生沉浸在自主学习和团队合作的学习情境中，在任务实施中体现安全、管理、表达与沟通的必要性，在评价与反馈环节中突出教学效果和成绩。

6. 和传统教材相比，本书突出了信息化的特色，以电机拖动与控制上海市精品课程2.0平台为学习媒介和载体，采用线下仿真、线上学习，配以大量的数字教学资源和学习资源，给读者提供了灵活多样的学习方式、手段和技术。

全书围绕职业能力、典型工作任务和教学实施方案进行分析，对照课程标准，形成完善的学习领域课程体系。

本书由上海市材料工程学校机电教研室团队编写，李莉担任主编并统稿、汪慧君校稿。具体编写分工如下：项目一中的模块一、模块二由赵福华编写，模块三由王长国编写，模块四～八由李莉编写；项目二任务一、任务三由汪慧君编写，项目二任务二、任务四由张磊霆编写；项目三由陈翔编写；项目四由唐建平编写。

由于编者水平有限，书中难免存在不足和缺漏，敬请有关专家和广大读者批评指正。

编者

本书配套数字资源使用说明

针对本书配套数字资源的使用方式和资源分布，特做如下说明：

1. 用户（或读者）可持移动设备打开移动端扫码软件（如微信等），扫描教材封底二维码，即可在线阅读数字资源、交互使用。

2. 任务标题下有加“”标识的，提供视频、放大图片等数字资源。具体教材中有关内容位置和数字资源对应关系参见下表：

教材中有关内容位置			数字资源类型	数字资源内容
项目一	模块一	任务一	视频资源	电气安装维修安全操作
			视频资源	安全标识认知
	模块二	任务五	视频资源	接触器概述
			视频资源	接触器联锁正反转控制线路分析
	模块三	任务一	视频资源	自动往返运动
		任务二	视频资源	液压控制机床滑台运动电气控制线路分析
	模块六	任务一	视频资源	起重机运行描述
		任务二	视频资源	制动的概念
			视频资源	能耗制动
			视频资源	能耗制动控制线路分析
项目二	任务一		视频资源	电气故障检修流程
			视频资源	电阻测量法排故
			视频资源	排故注意事项
	任务二		图片	CA6140 车床
			图片	CA6150 车床

（续表）

教材中有关内容位置		数字资源类型	数字资源内容
项目三	任务一	图片	Z3040 钻床
		图片	Z3050 钻床
项目四	任务一	图片	M7130 平面磨床
		图片	M7135 立式磨床

目 录

项目一 电动机基本控制线路及其安装、调试与维修

项目概述

在生产实践中，由于各种生产机械的工作性质和加工工艺不同，使得它们对电动机的控制要求不同。要使电动机按照生产机械的要求正常安全地运转，必须配备一定的电器，组成一定的控制线路，才能达到目的。在生产实践中，生产机械的控制线路有的比较简单，有的相当复杂，但任何复杂的控制线路总是由一些基本控制线路有机地组合起来的。

通过项目一的学习，知道电路图、接线图和布置图的原则，能够绘制和识读电气控制线路图。以电动机典型的基本控制线路为主，围绕点动控制、正转控制、正反转控制、位置控制、顺序控制、多地控制和启动、调速、制动控制线路展开，学习基本控制线路的构成、工作原理及安装、调试与维修方法，增加了相应的技能训练，学生能够独立完成控制线路的安装与调试。

项目实施

模块一　电动机基本控制线路

模块一详细讲述了电气控制线路图的绘制与识读的方法原则，以及电动机基本控制线路安装与调试的步骤。通过本模块的学习，可以知晓电路图、接线图和布置图的绘制和识读，熟悉电动机基本控制线路的安装工艺和调试要求。

任务一　电气控制线路图的绘制与识读

电动机基本控制线路有点动控制线路、正转控制线路、正反转控制线路、位置控制线路、顺序控制线路、多地控制线路、降压启动控制线路、调速控制线路和制动控制线路等。

生产机械电气控制线路常用电路图、布置图和接线图来表示。

一、电路图

电路图是根据生产机械运动形式对电气控制系统的要求，采用国家统一规定的电气图形符号和文字符号，按照电气设备和电器的工作顺序，详细表示电路、设备或成套装置的全部基本组成和连接关系，而不考虑其实际位置的一种简图。

电路图能充分表达电气设备和电器的用途、作用和线路的工作原理，是电气线路安装、调试和维修的理论依据。

绘制、识读电路图时应遵循一定的原则，下面以图 1-1 所示电路图为例进行分析。

1. 电路图

电路图一般包括电源电路、主电路和辅助电路三部分。

1）电源电路

电源电路画成水平线，三相交流电源线 L1、L2、L3 自上而下依次画出，中线 N 和保护地线 PE 依次画在相线之下。直流电源的"＋"端画在上边，"－"端在下边画出。电源开关要水平画出。

2）主电路

主电路是指受电的动力装置及控制、保护电器的支路等，它是由主熔断器、接触器的主触头、热继电器的热元件以及电动机等组成。主电路通过的电流是电动机的工作电流，电流较大。主电路图要画在电路图的左侧并垂直电源电路。

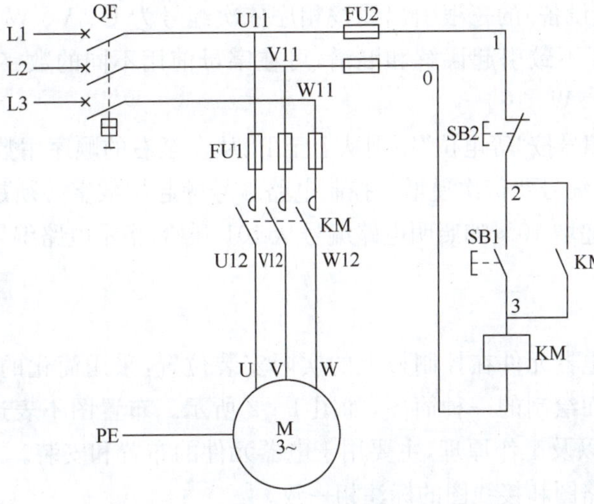

图 1-1　电路图

3）辅助电路

辅助电路一般包括控制主电路工作状态的控制电路，显示主电路工作状态的指示电路，提供机床设备局部照明的照明电路等。它是由主令电器的触头、接触器线圈及辅助触头、继电器线圈及触头、指示灯和照明灯等组成。辅助电路通过的电流都较小，一般不超过 5 A。画辅助电路图时，辅助电路要跨接在两相电源之间，一般按照控制电路、指示电路和照明电路的顺序依次垂直画在主电路的右侧，且电路中与下边电源线相连的耗能元件（如接触器和继电器的线圈、指示灯和照明灯等）要画在电路图的下方，而电器的触头要画在耗能元件与上边电源线之间。为读图方便，一般应按照自左至右、自上而下的排列来表示操作顺序。

2. 电路图中各电器元件的表示

电路图中不画各电器元件实际的外形图，而采用国家统一规定的电气图形符号画出。

电路图中同一电器的各元件不按它们的实际位置画在一起，而是按其在线路中所起的作用分别画在不同电路中，但它们的动作却是相互关联的，因此，必须标注相同的文字符号。若图中相同的电器较多时，需要在电器文字符号后面加注不同的数字，以示区别，如 KM1、KM2 等。

电路图中各电器的触头位置都按电路未通电或电器未受外力作用时的常态位置画出，分析原理时，应从触头的常态位置出发。

画电路图时应尽可能减少线条和避免线条交叉。对有直接电联系的交叉导线连接点，要用小黑圆点表示，无直接电联系的交叉导线则不画小黑圆点。

3. 电路图的编号

电路图采用电路编号法，即对电路中的各个接点用字母或数字编号：

（1）主电路在电源开关的出线端按相序依次编号为 U11、V11、W11。然后按从上至下、从左至右的顺序，每经过一个电器元件后，编号要递增，如 U12、V12、W12、…。单台三相交流电动机(或设备)的三根引出线按相序依次编号为 U、V、W。对于多台电动机引出线的编号，为了不致引起误解和混淆，可在字母前用不同的数字加以区别，如 1U、1V、1W；2U、2V、2W、…。

(2) 辅助电路编号按“等电位”原则从上至下、从左至右的顺序用数字依次编号，每经过一个电器元件后，编号要依次递增。控制电路编号的起始数字必须是 1，其他辅助电路编号起始数字依次递增 100，如照明电路编号从 101 开始、指示电路编号从 201 开始等。

二、布置图

布置图是根据电器元件在控制板上的实际安装位置，采用简化的外形符号(如正方形、矩形和圆形等)而绘制的一种简图，如图 1－2 所示。布置图不表达各电器的具体结构、作用、接线情况以及工作原理，主要用于电器元件的布置和安装。布置图中各电器的文字符号必须与电路图和接线图的标注相一致。

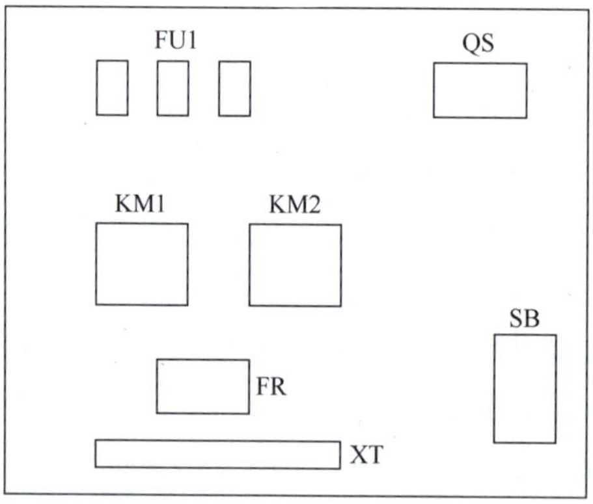

图 1－2　布置图

三、接线图

如图 1－3 所示是接线图，接线图是根据电气设备、电器元件的实际位置和安装情况绘制的，只用来表示电气设备和电器元件的位置、配线方式和接线方式，而不明显表示电气动作原理，主要用于安装接线、线路的检查维修和故障处理。

绘制、识读接线图应遵循以下原则：

(1) 接线图中一般示出如下内容：电气设备和电器元件的相对位置、文字符号、端子号、导线号、导线类型、导线截面积、屏蔽和导线绞合等。

(2) 所有的电气设备和电器元件都按其所在的实际位置绘制在图纸上，且同一电器的各元件根据其实际结构，使用与电路图相同的图形符号画在一起，并用点画线框上，其文字符号以及接线端子的编号应与电路图中的标注一致，以便对照检查接线。

(3) 接线图中的导线分为单根导线、导线组(或线扎)和电缆等，可用连续线和中断线来表示。凡导线走向相同的可以合并，用线束来表示，到达接线端子板或电器元件的连接

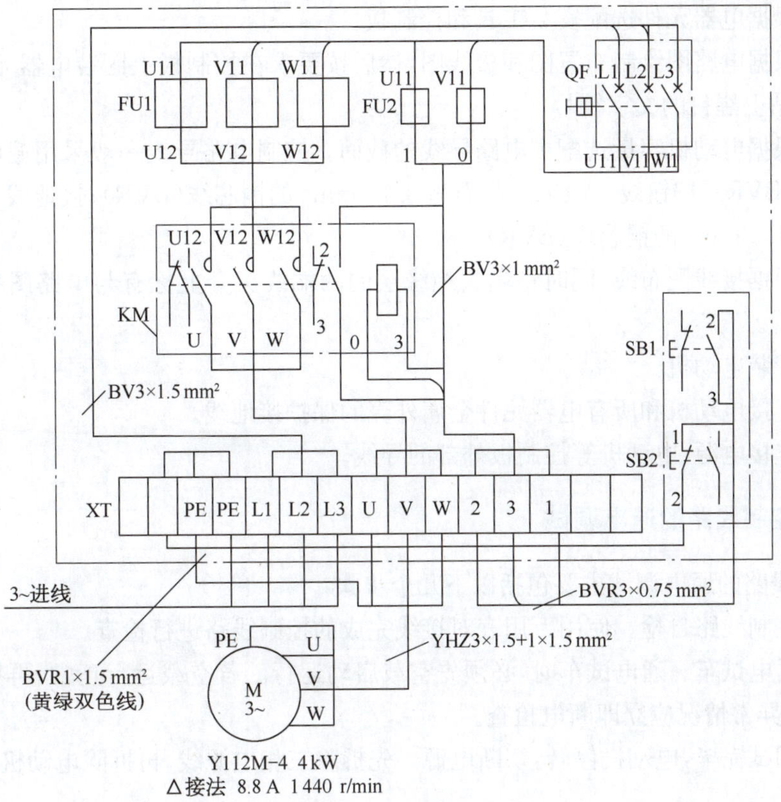

图 1-3 接线图

点时再分别画出。在用线束来表示导线组、电缆等时可用加粗的线条表示，在不引起误解的情况下也可采用部分加粗。导线及管子的型号、根数和规格应标注清楚。

在实际中，电路图、接线图和布置图要结合起来使用。

想一想

电路图、接线图和布置图有哪些区别与联系？

任务二 电动机基本控制线路的安装与调试

了解了电气控制线路的电路图、布置图和接线图，下面介绍电动机基本控制线路的安装。

一、控制线路的安装

控制线路的安装一般应按以下步骤进行：

(1) 识读电路图，明确线路所用电器元件及其作用，熟悉线路的工作原理。

(2) 根据电路图或元件明细表配齐电器元件，并进行检验。

(3) 根据电器元件选配安装工具和控制板。

(4) 根据电路图绘制布置图和接线图，然后按要求在控制板上固装电器元件(电动机除外)，并贴上醒目的文字符号。

(5) 根据电动机容量选配主电路导线的截面。控制电路导线一般采用截面为 1 mm^2 的铜芯线(BVR)；按钮线一般采用截面为 0.75 mm^2 的铜芯线(BVR)；接地线一般采用截面不小于 1.5 mm^2 的铜芯线(BVR)。

(6) 根据接线图布线，同时将剥去绝缘层的两端线头套上标有与电路图相一致编号的编码套管。

(7) 安装电动机。

(8) 连接电动机和所有电器元件金属外壳的保护接地线。

(9) 连接电源、电动机等控制板外部的导线。

二、控制线路的通电调试

控制线路的通电调试主要包括以下几个步骤：

(1) 控制线路自检。使用万用表对接线完成的控制线路进行检查。

(2) 通电试车。通电试车时，必须先空载启动运行。若空载运行正常，再接上负载运行，若发现异常情况应立即断电检查。

(3) 调试完毕，电动机停转，切断电源。先拆除三相电源线，再拆除电动机线。

模块二　三相异步电动机正反转控制线路

在实际生产中,机床工作台需要前进与后退,万能铣床的主轴需要正转与反转,起重机的吊钩需要上升与下降。要满足生产机械运动部件能向正、反两个方向运动,就要求电动机能实现正反转控制。模块二以三相交流电动机点动单向运行控制为起点,逐步扩展到单向连续运行以及电动机的正反转运行控制,详细讲述了三相异步电动机正反转控制线路的构成和工作原理,以及控制线路的安装、调试与维修方法。

任务一　手动正转控制线路

正转控制线路只能控制电动机单向启动和停止,使电动机朝一个方向旋转,带动生产机械的运动部件朝一个方向运动,砂轮机就是由电动机拖动进行单向正转运行。

一、砂轮机控制线路

在生产实践中,车工常用砂轮机来磨车刀,如图 1－4 所示是车工用来磨车刀用的砂轮机。那么,砂轮机是用什么低压电器来控制的,砂轮机的控制线路又是怎样的?

手动正转控制线路可以用低压开关来控制电动机的单向启动和停止。在工厂中常用的三相电风扇和砂轮机等设备都是手动正转控制线路。

砂轮机的控制线路非常简单,使用低压断路器来控制电动机,实现电动机的手动正转控制。使用砂轮机时,向上扳动低压断路器的按钮,砂轮开始转动进行磨刀,向下扳动断路器的按钮,则砂轮停止转动。如果线路出现短路故障时,低压断路器会自动跳闸断开电路,起到短路保护的作用。

如图 1－5 所示是低压断路器控制的砂轮机手动正转电路图。手动正转控制电路由

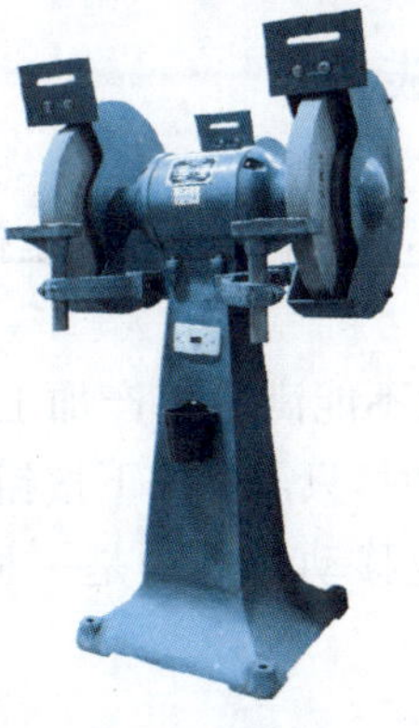

图 1－4　砂轮机

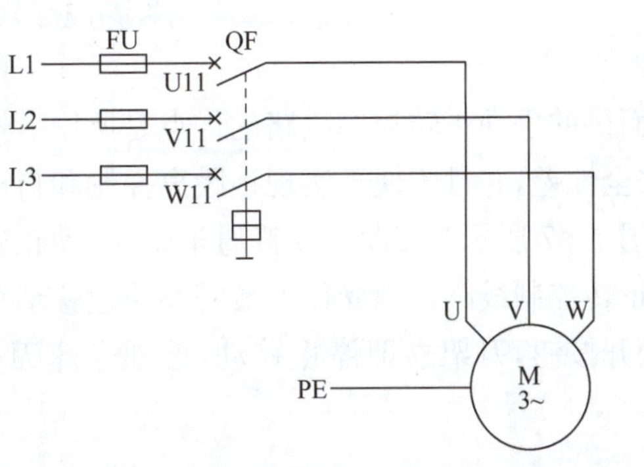

图 1－5　低压断路器控制的砂轮机手动正转电路图

三相电源 L1、L2、L3，熔断器 FU，低压断路器 QF 和三相交流异步电动机 M 构成。

砂轮机的工作过程如下：合上低压断路器 QF，电动机接通电源启动；断开低压断路器 QF，电动机脱离电源停止工作。

显然，砂轮机接通电源后，可以连续运行，而且是单向运行。

二、手动正转控制线路

如果把砂轮机控制电路中的低压断路器换成负荷开关或者组合开关，下面再来看看运行结果。

如图 1－6 所示是用负荷开关和组合开关控制的手动正转控制电路图。当合上负荷开关或者组合开关时，电动机开始单向正转运行，当断开负荷开关或者组合开关时，电动机失电停止正转运行。结果发现砂轮机的运行效果是一样的，负荷开关和组合开关分别起到接通、断开电源的作用，熔断器则作短路保护用。

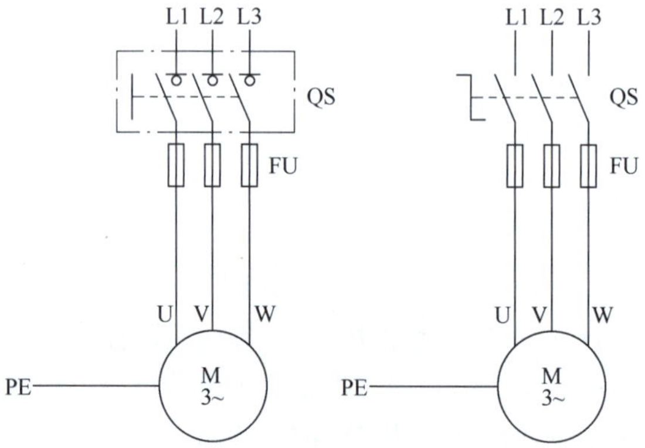

图 1－6　负荷开关和组合开关控制的手动正转控制电路图

想一想

手动正转控制线路有什么优点和缺点？

任务二　点动正转控制线路

前面讲的手动正转控制线路的优点是所用电器元件少，线路简单；缺点是操作劳动强度大，安全性差，并且不便于实现远距离控制和自动控制。

如图 1－7 所示为 CA6140 普通车床，手动正转控制就不能满足生产加工的需要，采用点动正转控制线路。当操作人员需要快速移动车床刀架时，只需要按下按钮，刀架就能移动；松开按钮，刀架立即停止移动，普通车床刀架的快速移动采用的是一种点动控制线路。

图 1-7　CA6140 型普通车床

一、点动正转控制线路

如图 1-8 所示为点动正转控制线路，该线路可以改善手动正转控制线路的缺点。普通车床刀架的快速移动是点动控制线路，操作者可以通过主令电器(按钮和接触器)来实现线路的自动控制。

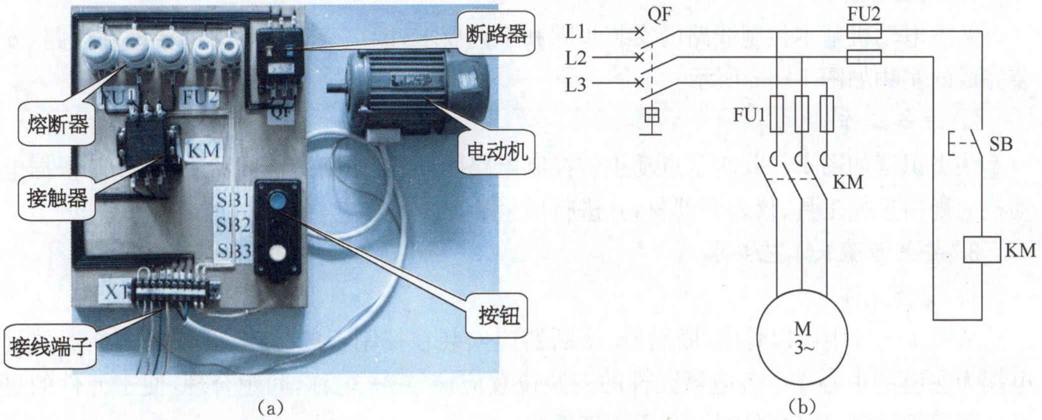

图 1-8　点动正转控制电路图

1. 点动正转控制电路组成

(1) 电源电路。由三相交流电源 L1、L2、L3 与低压断路器 QF 组成。

(2) 主电路。由熔断器 FU1、接触器 KM 主触头和三相异步电动机 M 组成。

(3) 控制电路。由熔断器 FU2、启动按钮 SB 和接触器 KM 的线圈组成。

2. 点动正转控制电路工作过程

(1) 电动机启动运行。合上低压断路器 QF，电动机 M 并不能得电启动运转，只有再按下按钮 SB，使接触器 KM 线圈通电，KM 主触头闭合，才能使电动机 M 得电启动运转。

(2) 电动机停止运行。若松开按钮 SB，KM 线圈失电，其主触头断开复位，电动机失电停转。

由此可见，电动机的运转不再由低压开关手动直接控制，而由按钮、接触器配合实现自动控制。按下按钮电动机就得电，松开按钮电动机就失电停转，通常称这种控制为点动控制。点动正转控制线路是用按钮、接触器来控制电动机运转的最简单的正转控制线路。

3．点动正转控制电路各低压电器的作用

（1）低压断路器 QF 作电源隔离开关。

（2）熔断器 FU1、FU2 分别作为主电路和控制电路的短路保护。

（3）按钮 SB 控制接触器 KM 的线圈得电和失电。

（4）接触器 KM 主触头控制电动机 M 的启动和停止。

想一想

在点动正转控制线路中，熔断器 FU1 和 FU2、启动按钮 SB、接触器 KM 的主触头分别有什么作用？

二、技能训练

安装点动正转控制线路。

1．训练目标

熟悉电动机基本控制线路的安装步骤和工艺要求，能正确安装点动正转控制线路，安装完成的实物如图 1－8a 所示。

2．准备工作

认真识读如图 1－8b 所示点动正转控制电路图，明确线路的构成和工作原理，根据电动机的规格选配工具、仪表和器材，并进行质量检验。

3．安装步骤及工艺要求

1）安装元件

从图 1－8a 中可以看出，断路器、熔断器应安装在控制板的外侧，并确保熔断器的受电端为底座的中心端。各电器元件的安装位置应该整齐、匀称，间距合理，便于元件的更换。紧固元件时，用力要均匀，紧固程度适当。

2）布线

按照图 1－3 所示接线图的走线方法，进行板前明布线和套编码套管，点动正转控制电路如图 1－8a 所示。布线工艺要求如下：

（1）布线通道尽可能少，同路并行导线按主、控电路分类集中，单层密排，紧贴安装面布线。

（2）同一平面的导线应该高低一致或者前后一致，不能交叉。非交叉不可时，该根导线应在接线端子引出时就水平架空跨越，并且必须走线合理。

（3）布线应该横平竖直，分布均匀。变换走向时应垂直转向。

（4）布线时严禁损伤线芯和导线绝缘。

(5) 布线一般以接触器为中心，按由里向外，由低到高，先控制电路、后主电路的顺序进行，以不妨碍后续布线为原则。

(6) 在每根剥去绝缘层导线的两端套上编码套管。所有从一个接线端子(接线柱)到另一个接线端子(或接线柱)的导线必须连接，中间无接头。

(7) 导线与接线端子或接线柱连接时，不得压绝缘层、不反圈以及不露铜过长。

(8) 同一元件、同一回路的不同接点的导线间距离应保持一致。

(9) 一个电器元件接线端子上的连接地线不得多于两根，每节接线端子板上的连接导线一般只允许连接一根。

3) 检查布线

根据图 1－8b 所示电路图检查控制板布线的正确性，具体的检查方法后面会详细介绍。

4) 安装电动机

5) 连接

先连接电动机和按钮金属外壳的保护线，然后连接电源、电动机等控制板外部的导线，如图 1－8a 所示。

6) 自检

自检工艺要求如下：

(1) 按电路图或者接线图从电源开始，逐段核对接线及接线端子处的线号是否正确，有无漏接和错接。检查导线接点是否符合要求，压接是否牢固，注意接点接触应良好，避免带负载运转时产生闪弧现象。

(2) 使用万用表检查线路的通断情况。检查时万用表应选用适当的倍率挡，并进行校零，以防止发生短路事故。对控制电路检查时应断开主电路，可以将表棒分别搭在 U11 和 V11 为线端上，此时读数应为“∞”。按下 SB 时，读数应为接触器线圈的直流电阻值。断开控制电路，检查主电路有无开路或者短路现象，可以用手动代替接触器通电进行检查。

(3) 用兆欧表检查线路的绝缘电阻的阻值应不小于 1 MΩ。

7) 交验

8) 通电试车运行

调试注意事项如下：

(1) 通电试车前，必须征得教师的同意，指导教师在现场监护。

(2) 出现故障后，学生应先断电进行检修，如果需要带电检查，教师必须在现场监护，检修完毕后，需要再次调试运行，教师必须在现场监护，并做好记录。

(3) 调试完毕，电动机停转，切断电源。先拆除三相电源线，再拆除电动机线。

任务三　接触器自锁正转控制线路

点动正转控制线路中，当松开按钮 SB 后，接触器 KM 失电主触头断开，电动机 M 停止运行。为使电动机在松开启动按钮 SB 后也能保持连续运行，在点动控制线路上做一些改动，接触器自锁正转控制电路图如图 1－9 所示，就可以实现电动机启动后能连续运行的控制要求。

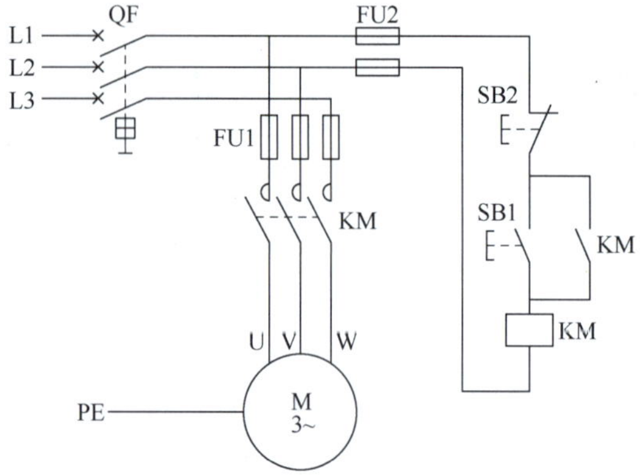

图 1－9　接触器自锁正转控制电路图

一、接触器自锁正转控制线路

通过对比点动正转控制电路图和接触器自锁正转控制电路图可知，两线路的主电路相同，但控制电路则有所不同。在接触器自锁控制线路中，串接了一个停止按钮 SB2，在启动按钮 SB1 的两端并接了接触器 KM 的一对辅助常开触头。

通过观察，可见当松开启动按钮 SB1 后，接触器 KM 并没有失电，主触头也没有断开，电动机 M 仍然保持连续转动，这种现象称为自锁。

1. 自锁

当启动按钮松开后，接触器通过自身的辅助常开触头使其线圈保持得电的作用称为自锁。与启动按钮并联起自锁作用的辅助常开触头称为自锁触头。

2. 接触器自锁正转控制线路工作原理

先合上电源开关 QF。

启动：按下SB1 → KM线圈得电 → KM主触头闭合 → 电动机M启动连续运转
　　　　　　　　　　　　　　→ KM辅助常开触头闭合 ↗

停止：按下SB2 → KM线圈失电 → KM主触头分断 → 电动机M失电停止
　　　　　　　　　　　　　　→ KM辅助常开触头分断 ↗

接触器自锁控制线路不但能使电动机连续运转，而且还具有欠压和失压（或零压）保护作用。

3. 欠压保护

欠压是指线路电压低于电动机应加的额定电压。欠压保护是指当线路电压下降到某一数值时，电动机能自动脱离电源停转，避免电动机在欠压下运行的一种保护。

接触器自锁控制线路具有欠压保护作用。当线路电压下降到一定值（一般指低于额定电压的85%)时，接触器线圈两端的电压也同样下降到此值，使接触器线圈磁通减弱，产生的电磁吸力减小。当电磁吸力减小到小于反作用弹簧的拉力时，动铁心被迫释放，主触头和自锁触头同时分断，自动切断主电路和控制电路，电动机失电停转，起到了欠压保护的作用。

4. 失压(或零压)保护

失压保护是指电动机在正常运行中，由于外界某种原因引起突然断电时，能自动切断电动机电源；当重新供电时，保证电动机不能自行启动的一种保护。接触器自锁控制线路也可实现失压保护作用。接触器自锁触头和主触头在电源断电时已经分断，使控制电路和主电路都不能接通，所以在电源恢复供电时，电动机就不会自行启动运转，保证了人身和设备的安全。

例1-1　试分析图1-10所示自锁正转控制电路中的错误及出现的现象，并加以改正。

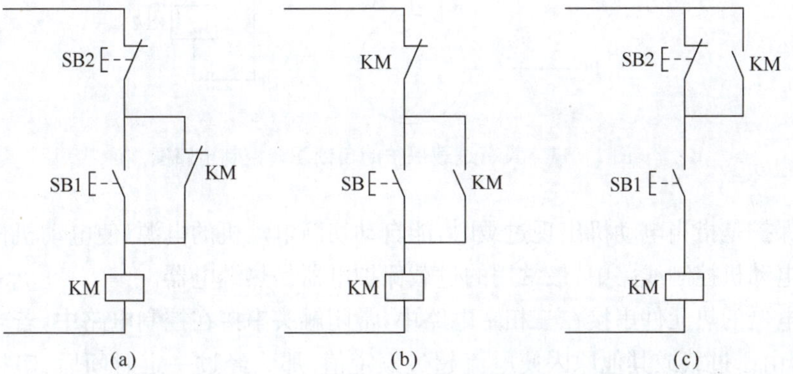

图1-10　自锁正转控制电路图

解：在图1-10a中，接触器KM的自锁触头不应该用辅助常闭触头。用辅助常闭触头不但失去了自锁作用，同时会使电路出现时通时断的现象。应把辅助常闭触头改换成辅助常开触头，使电路正常工作。

在图1-10b中，接触器KM的辅助常闭触头不能串接在电路中。否则，按下启动按钮SB后，会使电路出现时通时断的现象，应把KM的辅助常闭触头换成停止按钮，使电路正常工作。

在图1-10c中，接触器KM的自锁触头不能并接在停止按钮SB2的两端，否则，就失去了自锁作用，电路只能实现点动控制。应把自锁触头并接在启动按钮SB1两端。

二、具有过载保护的接触器自锁正转控制线路

电动机在运行的过程中，如果长期负载过大，或启动操作频繁，或者缺相运行，都可能使电动机定子绕组的电流增大，超过其额定值。而在这种情况下，熔断器往往并不熔断，从而引起定子绕组过热，使温度持续升高。若温度超过允许温升，就会造成绝缘损坏，缩短电动机的使用寿命，严重时甚至会烧毁电动机的定子绕组。

如图 1－11 所示，在接触器自锁正转控制线路中，增加了一只热继电器 FR，就构成了具有过载保护的接触器自锁正转控制线路。该线路不但具有短路保护、欠压和失压保护作用，还具有过载保护作用，因此在生产实际中获得广泛应用。

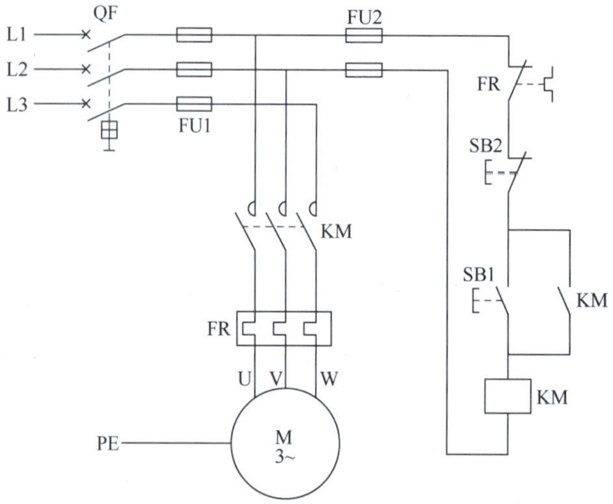

图 1－11　具有过载保护的自锁正转控制电路图

过载保护是指当电动机出现过载时，能自动切断电动机的电源，使电动机停转的一种保护。在电动机控制线路中，最常用的过载保护电器是热继电器。

热继电器的热元件串接在三相主电路中，常闭触头串接在控制电路中，若电动机在运行过程中，由于过载或其他原因使电流超过额定值，那么经过一定时间后，串接在主电路中的热元件因受热发生弯曲，通过传动机构使串接在控制电路中的常闭触头分断，切断控制电路，接触器 KM 线圈失电，其主触头和自锁触头分断，电动机 M 失电停转，达到过载保护的目的。

在照明、电加热等电路中，熔断器 FU 既可以作短路保护，也可以作过载保护。但对三相异步电动机控制线路来说，熔断器只能用作短路保护。这是因为三相异步电动机的启动电流很大(全压启动时的启动电流能达到额定电流的 4～7 倍)，若用熔断器作过载保护，则选择的额定电流就应等于或稍大于电动机的额定电流，这样电动机在启动时，由于启动电流大大超过了熔断器的额定电流，使熔断器在很短的时间内熔断，造成电动机无法启动。所以熔断器只能作短路保护，熔断器额定电流应取电动机额定电流的 1.5～2.5 倍。

热继电器在三相异步电动机控制线路中也只能作过载保护，不能用作短路保护。这是因为热继电器的热惯性大，即热继电器的双金属片受热膨胀弯曲需要一定时间。当电动机发生短路时，由于短路电流很大，热继电器还没来得及动作，供电线路和电源设备可能就已经损坏。而在电动机启动时，由于启动时间很短，热继电器还未动作，电动机已启动完毕。总之，热继电器和熔断器两者所起的作用不同，不能相互代替使用。

想一想

熔断器和热继电器都是保护电器，两者为什么不能相互代替使用？

三、技能训练

安装具有过载保护的接触器自锁正转控制线路。

1. 训练目标

熟悉电动机基本控制线路的安装步骤和工艺要求，能正确安装具有过载保护的接触器自锁正转控制线路。

2. 准备工作

认真识读图 1－11 具有过载保护的接触器自锁正转控制电路图，明确线路的构成和工作原理后，根据电动机的规格选配工具、仪表和器材，并进行质量检验。

3. 安装步骤及工艺要求

在已安装好元件的具有过载保护的接触器自锁正转控制线路板上，按要求完成布线。安装步骤及工艺要求参考本模块任务二点动正转控制线路的安装步骤和工艺要求。

4. 安装调试注意事项

(1) 接触器 KM 的自锁触头应并接在启动按钮 SB1 两端，停止按钮 SB2 应串接在控制电路中；热继电器 FR 的热元件应串接在主电路中，它的常闭触头应串接在控制电路中。

(2) 电源进线应接在螺旋式熔断器的下接线座上，出线则应接在上接线座上。

(3) 电动机及按钮的金属外壳必须可靠接地。接至电动机的导线，必须穿在导线通道内加以保护，或采用坚韧的四芯橡皮线或塑料护套线进行临时通电校验。

(4) 热继电器的整定电流应按电动机的额定电流调整，绝对不允许弯折双金属片。

(5) 热继电器因电动机过载动作后，若需再次启动电动机，必须待热元件冷却并且热继电器复位后才可进行。

(6) 启动电动机时，在按下启动按钮 SB1 的同时，手还必须按在停止按钮 SB2 上，以保证万一出现故障时，可立即按下 SB2 停车，防止事故的扩大。

任务四 连续与点动混合正转控制线路

机床设备在正常工作时，电动机处在连续运转状态，在试车或调整刀具等位置时，还需要电动机能进行点动控制，而连续与点动混合控制线路就能实现这种工艺要求。

一、连续与点动混合正转控制线路

连续与点动混合正转控制线路是在过载保护的接触器自锁正转控制电路的基础上，增加了手动开关。如图 1－12a 所示，把手动开关 SA 串接在自锁电路中，当把 SA 闭合或断开时，就可以实现电动机的连续或点动控制。

手动开关在频繁通断的电路中，存在操作强度大，安全性差的问题。是否可以用其他

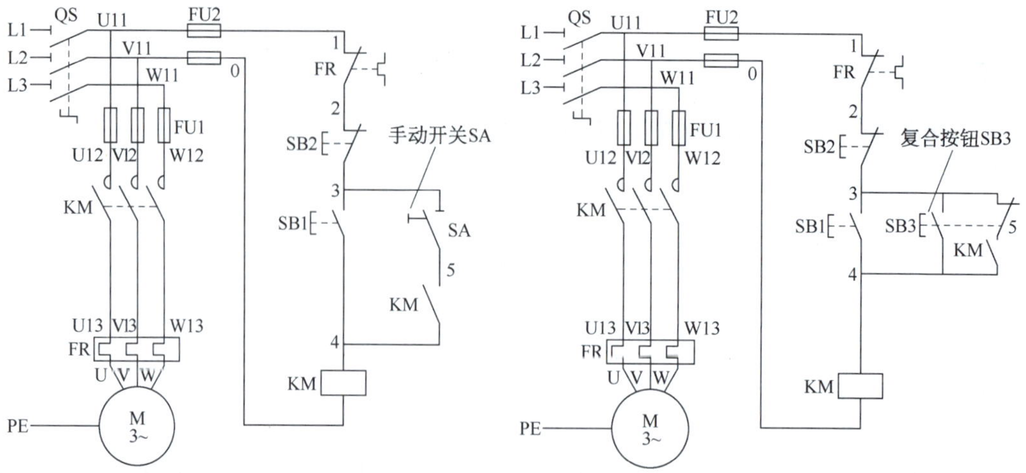

(a)　　　　(b)

图 1-12　连续与点动混合正转控制电路图

低压开关来代替其实现连续与点动混合控制？

如图 1-12b 所示，在启动按钮 SB1 的两端并接一个复合按钮 SB3，从而实现连续与点动混合正转控制，其中 SB3 的常闭触头应与 KM 自锁触头串接。当按下按钮 SB1，启动电动机连续运行，当按下按钮 SB3，启动电动机实现点动控制，SB2 是停止按钮。

连续与点动混合正转控制线路的工作原理：先合上电源开关 QS。

（1）连续控制。

启动：按下SB1 → KM线圈得电 → KM主触头闭合 → 电动机M启动连续运行
　　　　　　　　　　　　　　→ KM自锁触头闭合自锁 →

停止：按下SB2 → KM线圈失电 → KM主触头分断 → 电动机M失电停转
　　　　　　　　　　　　　　→ KM自锁触头分断解除自锁 →

（2）点动控制。

启动：按下SB3 → SB3常闭触头先分断切断自锁电路
　　　　　　　→ SB3常开触头后闭合→KM线圈得电→
　　　　　　　　　→ KM自锁触头闭合
　　　　　　　　　→ KM主触头闭合→电动机启动运行

停止：松开SB3 → SB3常闭触头后恢复闭合（KM自锁触头已经分断）
　　　　　　　→ SB3常开触头先恢复断开→KM线圈失电→
　　　　　　　　　→ KM自锁触头分断
　　　　　　　　　→ KM主触头分断→电动机停转

例 1-2　有人为某生产机械设计出既能点动又能连续运行，并具有短路和过载保护的电气控制线路，如图 1-13 所示。试分析说明该线路能否正常工作。

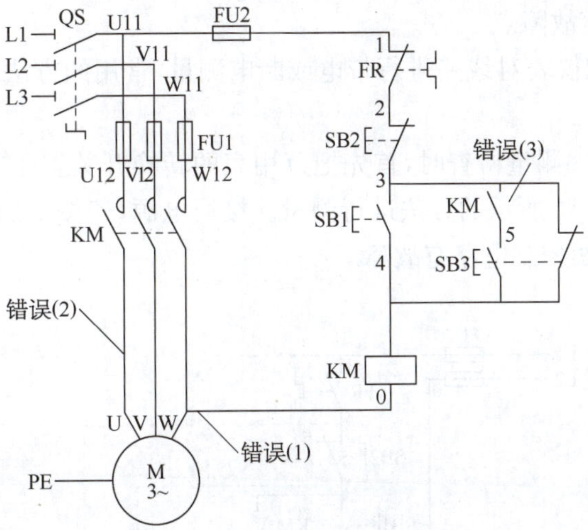

图 1-13　电气控制电路图

解：该线路不能正常工作。因线路有以下三处错误：

(1) 错误 1。控制电路的电源线有一端接在接触器 KM 主触头的下方，这样即使按下启动按钮 SB1，由于主触头是断开的，控制电路也不会得电。因此必须将控制电路的电源线改接到 KM 主触头的上方。

(2) 错误 2。控制电路中虽然串接了热继电器 FR 的常闭触头，但其热元件并未串接在主电路中，所以热继电器 FR 起不到过载保护作用。应把 FR 的热元件串接到主电路中。

(3) 错误 3。接触器 KM 的自锁触头与复合按钮 SB3 的常开触头串接，而 SB3 的常闭触头与启动按钮 SB1 并接，不但起不到自锁作用，而且还会造成电动机自行启动，达不到控制要求。应把 KM 自锁触头与 SB3 的常闭触头串接。

通过例 1-2 可知，控制线路安装接线完成后，该线路不一定能够正常工作，所以必须对控制线路的性能进行检测，否则不能通电调试。如果控制线路不能正常调试运行，怎样进行线路的故障检修呢？下面学习电动机电气故障检修的方法。

二、电动机电气故障的检修

1. 故障检修的一般步骤和方法

1) 用试验法观察故障现象，初步判定故障范围

在不扩大故障范围、不损坏电气设备和机械设备的前提下，对线路进行通电试验，通过观察电气设备和电器元件的动作是否正常、各控制环节的动作程序是否符合要求，初步确定故障发生的大致部位或回路。

2) 用逻辑分析法缩小故障范围

根据电气控制线路的工作原理、控制环节的动作程序以及它们之间的联系，结合故障现象做具体的分析，缩小故障范围，特别适用于对复杂线路的故障检查。

3）用测量法确定故障点

利用电工工具和仪表对线路进行带电或断电测量，常用的方法有电压测量法和电阻测量法。

(1) 电压测量法。测量检查时，首先把万用表的转换开关置于交流电压 500 V 的挡位上，其次用如图 1-14 所示的方法进行测量。接通电源，若按下启动按钮 SB1 时，接触器 KM 不吸合，则说明控制电路有故障。

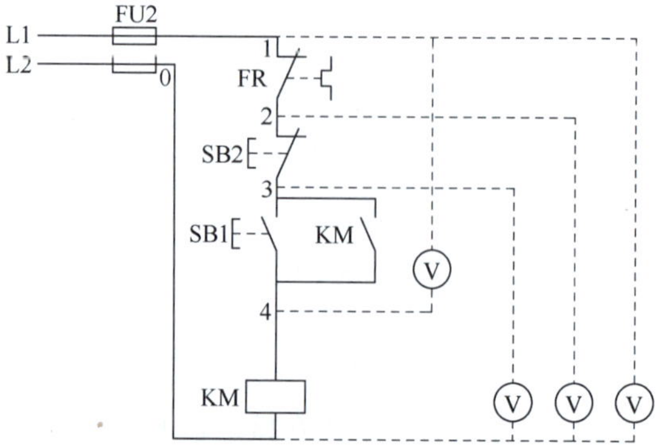

图 1-14　电压测量法

检测时，在松开按钮 SB1 条件下，先用万用表测量 0 和 1 两点之间的电压，若电压为 380 V，则说明控制电路的电源电压正常。然后把黑表棒接到 0 点上，红表棒依次接到 2、3 各点上，分别测量 0-2、0-3 两点间的电压，若电压均为 380 V 的话，再把黑表棒接到 1 点上，红表棒接到 4 点上，测量出 1-4 两点间的电压。根据测量结果即可找出故障点。

(2) 电阻测量法。测量检查时，首先把万用表的转换开关置于倍率适当的电阻挡位上（一般选 R×100 以上的挡位），然后按图 1-15 所示的方法进行测量。接通电源，若按下启动按钮 SB1 时，接触器 KM 不吸合，则说明控制电路有故障。

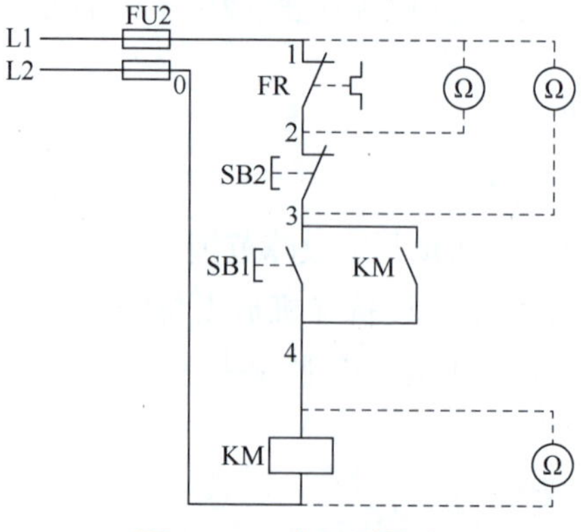

图 1-15　电阻测量法

检测时，首先切断电路的电源（这点与电压测量法不同），用万用表依次测量出 1－2、1－3、0－4 各两点间的电阻值；其次根据测量结果即可找出故障点。

以上是用测量法查找确定控制电路的故障点，对于主电路的故障点，结合图 1－12b 说明如下：

首先测量接触器电源端的 U12－V12、U12－W12、W12－V12 之间的电压。若均为 380 V，说明 U12、V12、W12 三点至电源无故障，可进行第二步测量。否则可再测量 U11－V11、U11－W11、W11－V11 顺次至 L1－L2、L2－L3、L3－L1 直到发现故障。

其次断开主电路电源，用万用表的电阻挡（一般选 R×10 以上挡位）测量接触器负载端 U13－V13、U13－W13、W13－V13 之间的电阻，若电阻均较小（电动机定子绕组的直流电阻），说明 U13、V13、W13 三点至电动机无故障，可判断为接触器主触头有故障。否则可再测量 U－V、U－W、W－V 到电动机接线端子处，直到发现故障。

4）根据故障点的不同情况，采用正确的维修方法排除故障

5）检修完毕，进行通电空载校验或局部空载校验

6）校验合格，通电正常运行

2. 故障检修注意事项

（1）在排除故障的过程中，分析思路和排除方法要正确。

（2）用测电笔检测故障时，必须检查测电笔是否符合使用要求。

（3）不能随意更改线路或带电触摸电器元件。

（4）仪表使用要正确，以避免引起错误判断。

（5）带电检修故障时，必须有教师在现场监护，并要确保用电安全。

（6）检修必须在额定时间内完成。

想一想

电阻测量法在控制线路检测过程中有什么局限？

三、技能训练

安装连续与点动混合正转控制线路。

1. 训练目标

熟悉电动机基本控制线路的安装步骤和工艺要求，能正确安装连续与点动混合正转控制线路。

2. 准备工作

认真识读图 1－12b 所示连续与点动混合正转控制电路图，明确线路的构成和工作原理后，根据电动机的规格选配工具、仪表和器材，并进行质量检验。

3. 安装步骤及工艺要求

在已安装好元件的连续与点动混合正转控制线路板上，按要求完成布线。安装步骤及工艺要求参考本模块任务二点动正转控制线路的安装步骤和工艺要求。

4. 控制线路性能检测

可以使用电阻测量法进行控制线路性能的检测。

任务五　正反转控制线路

一、倒顺开关正反转控制线路

在实际生产中，机床工作台需要前进与后退；万能铣床的主轴需要正转与反转；起重机的吊钩需要上升与下降。正转控制线路显然不能满足这些生产机械的控制要求。

正转控制线路只能使电动机朝一个方向旋转，带动生产机械的运动部件朝一个方向运动。要满足生产机械运动部件能向正、反两个方向运动，就要求电动机能实现正、反转控制。当改变通入电动机定子绕组的三相电源相序，即把接入电动机三相电源进线中的任意两相对调接线时，电动机就可以反转。

万能铣床主轴电动机的正反转控制是采用倒顺开关来实现的，倒顺开关如图 1－16 所示，倒顺开关有三个位置："顺""停""倒"。这三个位置可以控制电动机正转、停止、反转。

倒顺开关正反转控制线路如图 1－17 所示，控制线路的工作原理如下。

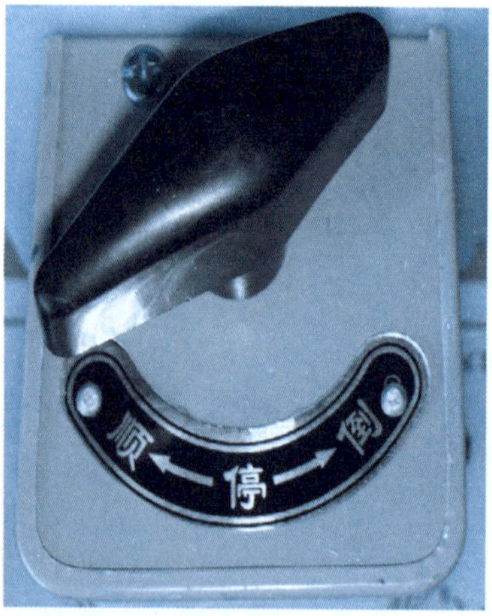

图 1－16　倒顺开关

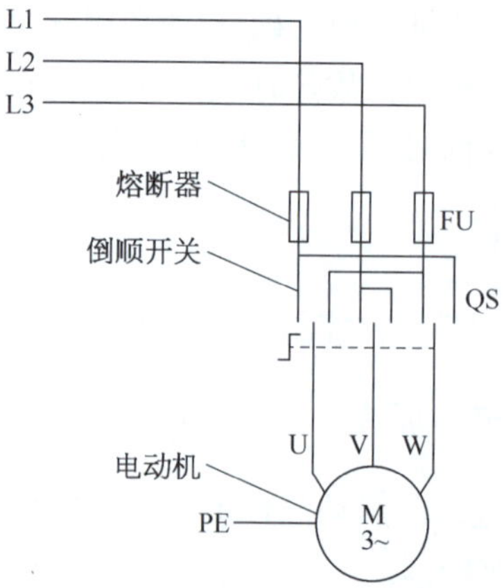

图 1－17　倒顺开关正反转控制电路图

电动机正转操作：倒顺开关 QS 的手柄扳至"顺"位置时，QS 的动触头和左边的静触头相接触，电路按 L1－U、L2－V、L3－W 接通，输入电动机定子绕组的电源电压相序为 L1－L2－L3，电动机正转。

电动机反转操作：倒顺开关 QS 的手柄扳至"倒"位置时，QS 的动触头和右边的静触头相接触，电路按 L1－W、L2－V、L3－U 接通，输入电动机定子绕组的电源电压相序变为 L3－L2－L1，电动机反转。

停止：操作倒顺开关 QS，当手柄处于"停"位置时，QS 的动、静触头不接触，电路不通，电动机不转。

当电动机从正转状态到反转状态时，应先把手柄扳到“停”的位置，电动机先停转，再把手柄扳到“倒”的位置，使它反转。若直接把手柄由“顺”扳至“倒”的位置，电动机定子绕组会因为电源突然反接而产生很大的反接电流，易使定子绕组因过热而损坏。

二、接触器联锁正反转控制线路

倒顺开关正反转控制线路在频繁换向时劳动强度大，操作安全性差，一般用于控制小容量电动机。在实际生产中常用的是用按钮、接触器来控制电动机的正反转。

图 1－18 所示是接触器联锁正反转控制电路图。采用了两个接触器，即正转用的接触器 KM1 和反转用的接触器 KM2，它们分别由正转按钮 SB2 和反转按钮 SB3 控制。从主电路中可以看出，这两个接触器的主触头所接通的电源相序不同，KM1 按 L1－L2－L3 相序接线。KM2 则按 L3－L2－L1 相序接线。相应地控制电路有两条，一条是由按钮 SB2 和接触器 KM1 线圈等组成的正转控制电路；另一条是由按钮 SB3 和接触器 KM2 线圈等组成的反转控制电路。

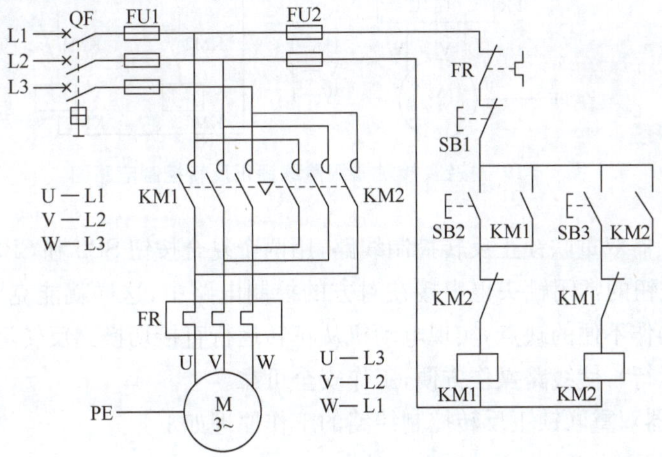

图 1－18　接触器联锁正反转控制电路图

注意： 接触器 KM1 和 KM2 的主触头绝不允许同时闭合，否则将造成两相电源（L1 相和 L3 相）短路事故。为了避免两个接触器 KM1 和 KM2 同时得电动作，在正、反转控制电路中分别串接了对方接触器的一对辅助常闭触头。

当一个接触器得电动作时，通过其辅助常闭触头使另一个接触器不能得电动作，接触器之间这种相互制约的作用称为接触器联锁（或互锁）。实现联锁作用的辅助常闭触头称为联锁触头（或互锁触头）。联锁用符号“▽”表示。

接触器联锁正反转控制线路的工作原理读者可以自行分析。

想一想

如果其中一对辅助常闭触头由于故障不能及时分断，会造成电源相间短路故障吗？

三、接触器、按钮双重联锁正反转控制线路

接触器联锁正反转控制线路，工作安全可靠，但操作不便。电动机从正转变为反转时，必须先按下停止按钮后，才能按反转启动按钮，否则由于接触器的联锁作用，不能实现反转。因此，实现电动机从正转运行直接切换到反转运行，可采用按钮、接触器双重联锁正反转控制线路，如图 1-19 所示。

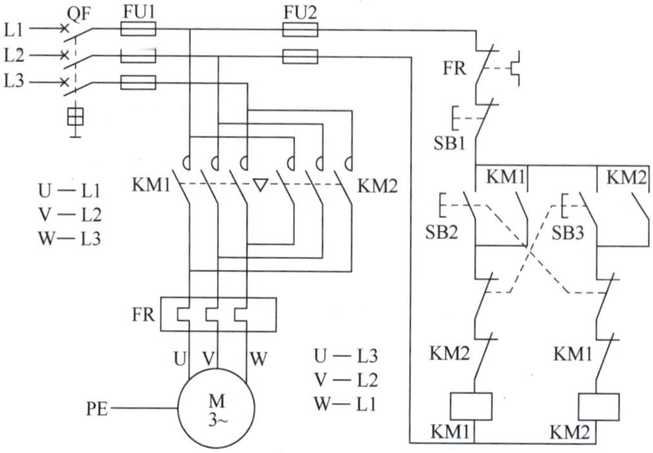

图 1-19　按钮、接触器双重联锁正反转控制电路图

按钮和接触器双重联锁正反转控制线路，用两个复合按钮 SB2 和 SB3，分别把 SB2 和 SB3 两个复合按钮的常闭触头也串接在对方的控制电路中，这样就能克服接触器联锁正反转控制线路操作不便的缺点，实现电动机从正转运行直接切换到反转运行（反转运行直接切换到正转运行），使线路操作方便，工作安全可靠。

按钮、接触器双重联锁正反转控制线路的工作原理如下：

先合上电源开关 QS。

正转控制：

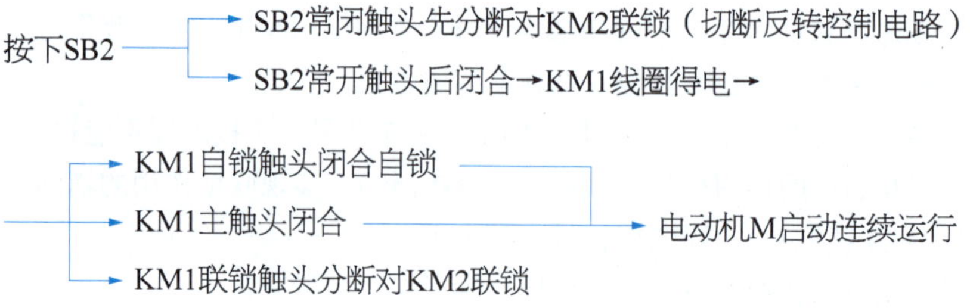

反转控制：

按下SB3 → SB3常闭触头先分断→KM1线圈失电→
- KM1　自锁触头分断 → 电动机M失电
- KM1　主触头分断 → 电动机M失电
- KM1　联锁触头恢复闭合 → KM2线圈得电

按下SB3 → SB3常开触头后闭合 → KM2线圈得电

- KM2自锁触头闭合自锁 → 电动机M启动连续反转
- KM2主触头闭合 → 电动机M启动连续反转
- KM2联锁触头分断对KM1联锁（切断正转控制电路）

停止控制：

按下 SB1 按钮，接触器 KM1 线圈和 KM2 线圈均失电，电动机停转。

例 1－3　试分析图 1－20 中的正反转控制电路能否正常工作，如不能请说明原因，并加以改正。

解：图(a)所示电路不能正常工作。其原因是联锁触头不能用自身接触器的辅助常闭触头。这样不但起不到联锁作用，而且当按下启动按钮后，还会出现控制电路时通时断的现象。应把图中两对联锁触头换接。

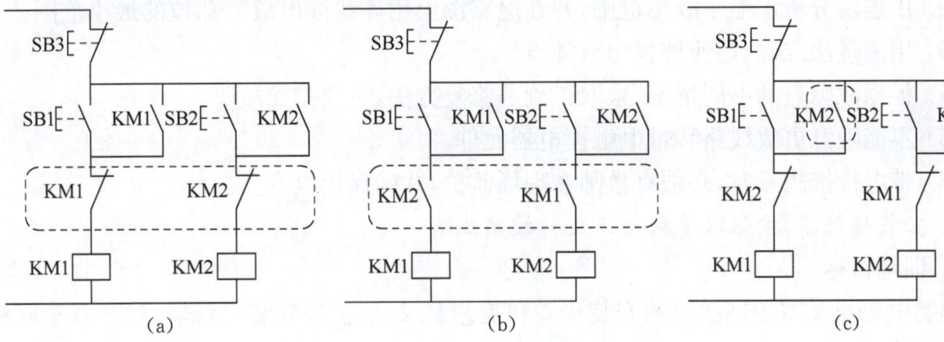

图 1－20　正反转控制电路图

图(b)所示电路不能正常工作。其原因是联锁触头不能用辅助常开触头。这样即使按下启动按钮，接触器也不能得电动作。应把联锁触头换接成辅助常闭触头。

图(c)所示电路只能实现点动反转控制，不能连续工作。其原因是自锁触头用对方接触器的辅助常开触头起不到自锁作用。若要使线路能连续工作，应把图中两对自锁触头换接。

想一想

接触器、按钮双重联锁正反转控制线路中的“双重联锁”指的是哪两种联锁？

四、技能训练

1. 安装接触器联锁正反转控制线路

1）训练目标

熟悉电动机基本控制线路的安装步骤和工艺要求，能正确安装接触器联锁正反转控制线路。

2）准备工作

认真识读图 1－18 所示接触器联锁正反转控制电路图，明确线路的构成和工作原理后，根据电动机的规格选配工具、仪表和器材，并进行质量检验。

3）安装步骤及工艺要求

在已安装好元件的控制线路板上，完成布线。安装步骤及工艺要求参考本模块任务二点动正转控制线路的安装步骤和工艺要求。

4）安装调试注意事项

（1）接触器联锁触头接线必须正确，否则将会造成主电路中两相电源短路事故。

（2）通电试车时，应先合上 QS，再按下 SB1（或 SB2）及 SB3，看控制是否正常，并在按下 SB1 后再按下 SB2，观察有无联锁作用。

（3）训练应在规定的定额时间内完成，同时要做到安全操作和文明生产。

5）检修接触器联锁正反转控制线路注意事项

（1）用试验法来观察故障现象。主要注意观察电动机的运行情况、接触器的动作情况和线路的工作情况等，如发现有异常情况，应马上断电检查。

（2）用逻辑分析法缩小故障范围，并在电路图上用虚线标出故障部位的最小范围。

（3）用测量法准确、迅速地找出故障点。

（4）根据故障点的不同情况，采取正确的修复方法，迅速排除故障。

（5）不能随意更改线路和带电触摸电器元件。

（6）带电检修故障时，必须有教师在现场监护，并确保用电安全。

2. 安装接触器、按钮双重联锁正反转控制线路

1）训练目标

熟悉电动机基本控制线路的安装步骤和工艺要求，能正确安装接触器、按钮双重联锁正反转控制线路。

2）准备工作

认真识读图 1－19 所示接触器、按钮双重联锁正反转控制电路图，明确线路的构成和工作原理后，根据电动机的规格选配工具、仪表和器材，并进行质量检验。

3）安装步骤及工艺要求

在已安装好元件的控制线路板上，完成布线。安装步骤及工艺要求参考本模块任务二点动正转控制线路的安装步骤和工艺要求。

4）安装调试注意事项

（1）接触器联锁触头接线必须正确，否则将会造成主电路中两相电源短路事故。

(2) 通电试车时,应先合上 QS,再按下 SB1(或 SB2)及 SB3,看控制是否正常,并在按下 SB1 后再按下 SB2,观察有无联锁作用。

(3) 训练应在规定的定额时间内完成,同时要做到安全操作和文明生产。

5) 检修双重联锁正反转控制线路检修注意事项

(1) 用试验法来观察故障现象。主要注意观察电动机的运行情况、接触器的动作情况和线路的工作情况等,如发现有异常情况,应马上断电检查。

(2) 用逻辑分析法缩小故障范围,并在电路图上用虚线标出故障部位的最小范围。

(3) 用测量法准确、迅速地找出故障点。

(4) 根据故障点的不同情况,采取正确的修复方法,迅速排除故障。

(5) 不能随意更改线路和带电触摸电器元件。

(6) 带电检修故障时,必须有教师在现场监护,并确保用电安全。

思考与练习

一、选择题(选择正确的答案,将相应的字母填入题内的括号中)

1. 按钮、接触器双重联锁的正反转控制电路,从正转到反转操作过程是(　　)。

A. 按下反转按钮

B. 先按下停止按钮,再按下反转按钮

C. 先按下正转按钮,再按下反转按钮

D. 先按下反转按钮,再按下正转按钮

2. 按钮、接触器双重联锁的正反转控制电路中双重联锁的作用是(　　)。

A. 防止电源的相间短路

B. 防止电源的相间短路,按下反转按钮就可从正转到反转

C. 按下反转按钮就可从正转到反转

D. 防止电源的相间短路,先按下停止按钮、再按反转按钮就可从正转到反转

二、问答题

1. 什么是欠压保护?什么是失压保护?为什么说接触器自锁控制线路具有欠压和失压保护作用?

2. 在电动机的控制线路中,短路保护和过载保护各由什么电器来实现?它们能否相互代替使用,为什么?

3. 如何使电动机改变转向?

三、分析题

1. 什么叫点动控制?试分析判断图 1-21 所示各控制电路能否实现点动控制,若不能,试分析说明原因,并加以改正。

2. 什么叫自锁控制?试分析判断图 1-22 所示各控制电路能否实现自锁控制,若不能,试分析说明原因,并加以改正。

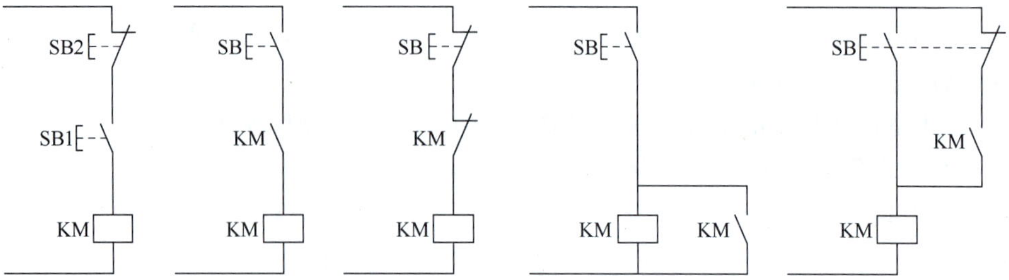

图 1－21　分析题第 1 题图

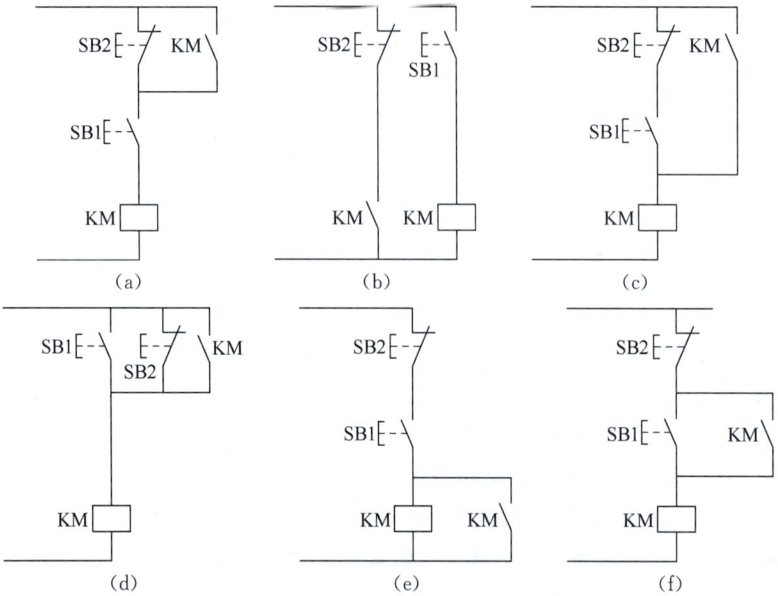

图 1－22　分析题第 2 题图

3. 试分析判断图 1－23 所示主电路或控制电路能否实现正反转控制，若不能，试说明其原因。

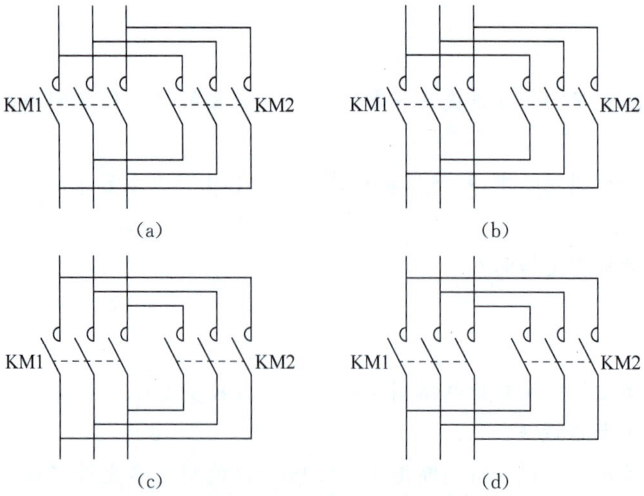

图 1－23　分析题第 3 题图

4. 什么叫联锁控制？在电动机正反转控制线路中为什么必须有联锁控制？试指出图 1-24 所示控制电路中哪些电器元件起联锁作用，各线路有什么优缺点。

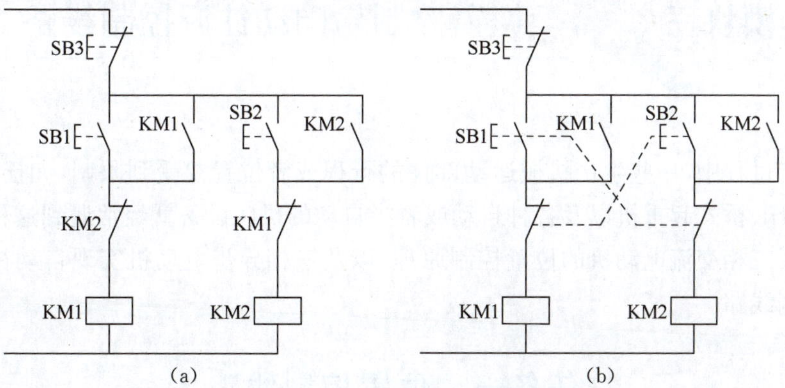

图 1-24　分析题第 4 题图

模块三　位置控制与自动往返控制线路

在生产过程中，一些生产机械运动部件的行程或者位置要受到限制，如摇臂钻床、万能铣床、镗床、桥式起重机以及各种自动或者半自动的机床设备就经常遇到这种控制。模块三讲述了三相交流电动机的位置控制原理，以及三相异步电动机实现自动往返控制的方法和控制线路。

任务一　位置控制线路

如图 1－25 所示工厂车间里的 20/5 t 桥式起重机，是用来吊起或放下重物并使重物在短距离内水平移动的起重设备，俗称吊车、行车或天车。其控制线路常采用位置控制。

图 1－25　20/5 t 桥式起重机

20/5 t 行车位置控制线路如图 1－26 所示。图的左下角是行车运动示意图，在行车运行路线的两头终点处各安装一个行程开关 SQ1 和 SQ2，它们的常闭触头分别串接在正转控制电路和反转控制电路中。当安装在行车前后的挡铁 1 或挡铁 2 撞击行程开关的滚轮时，行程开关的常闭触头分断，切断控制电路，使行车自动停止。

显然，位置控制电路图是在接触器联锁正反转控制电路的基础上，在控制电路中串接了行程开关 SQ1 和 SQ2，利用生产机械运动部件上的挡铁与行程开关碰撞，使触头动作来接通或者断开电路，以实现对生产机械运动部件的位置或行程的自动控制的方法称为位置控制、行程控制或限位控制，实现这种控制要求的主要电器是行程开关。

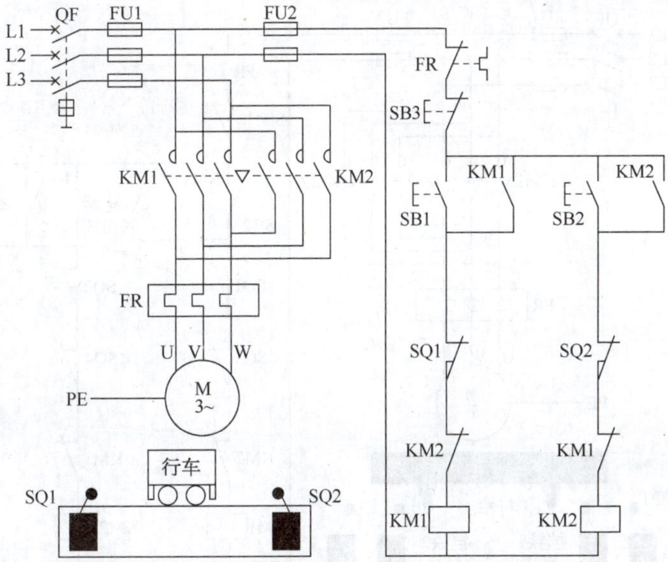

图 1－26　20/5 t 行车位置控制电路图

图 1－26 所示 20/5 t 行车位置控制线路的工作原理可以参照接触器联锁正反转控制线路的工作原理自行分析，行程开关和位置可以通过移动行程开关的安装位置来调节。

想一想

行程开关还有哪些名称？

任务二　工作台自动往返控制线路

在生产实际中，有些生产机械（如磨床）的工作台要求在一定行程内自动往返运动，以便实现对工件的连续加工，提高生产效率。这就需要位置控制线路能控制电动机实现自动换接正反转。

一、工作台自动往返运动控制线路

由行程开关控制的工作台自动往返控制电路如图 1－27 所示。左下角是工作台自动往返运动的示意图。

为了使电动机的正反转控制与工作台的左右运动相配合，在控制线路中设置了四个行程开关 SQ1、SQ2、SQ3 和 SQ4，并把它们安装在工作台需限位的地方。其中 SQ1、SQ2 用来自动换接电动机正反转控制电路，实现工作台的自动往返；SQ3 和 SQ4 用作终端保护，以防止 SQ1、SQ2 失灵，工作台越过限定位置而造成事故。在工作台边的 T 形槽中装有两块挡铁，挡铁 1 只能和 SQ1、SQ3 相碰撞，挡铁 2 只能和 SQ2、SQ4 相碰撞。当工作台运动到所限位置时，挡铁碰撞行程开关，使其触头动作，自动换接电动机正反转控制电路，通过机械传动机构使工作台自动往返运动。工作台行程可通过移动挡铁位置来

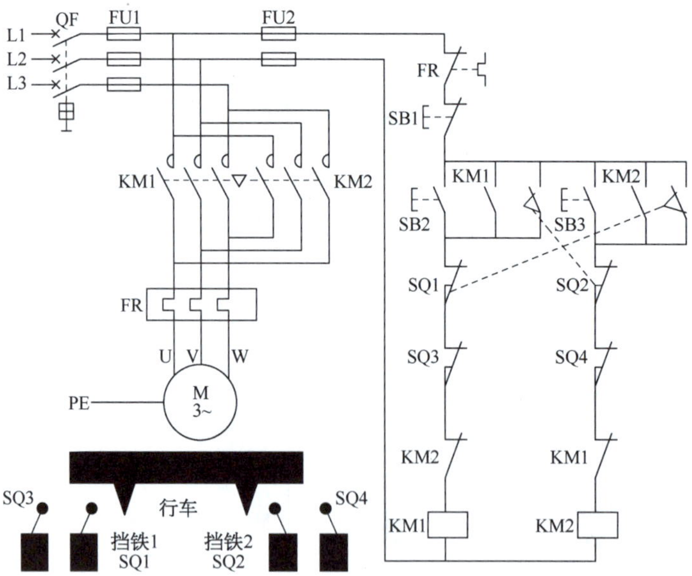

图 1－27 工作台自动往返行程控制电路图

调节，拉开两块挡铁间的距离，行程变短，反之则变长。

工作台进行自动往返运动的工作原理：先合上电源开关 QS。

自动往返运动：

按下SB2 → KM1线圈得电 → KM1联锁触头分断对KM2联锁
→ KM1自锁触头闭合自锁
→ KM1主触头闭合 → 电动机M正转 →

→ 工作台左移 → 至限定位置挡铁1碰撞SQ1 →

→ SQ1-1先分断 → KM1线圈失电 → KM1自锁触头分断解除自锁
→ KM1主触头分断 → 电动机停止正转，工作台停止左移
→ KM1联锁触头恢复闭合
→ SQ1-2后闭合 →

→ KM2线圈得电 → KM2自锁触头分断解除
→ KM2主触头闭合 → 电动机反转运行 →
→ KM2联锁触头分断对KM1联锁

→ 工作台右移（SQ1触头复位） → 至限定位置挡铁2碰撞SQ2 →

→ SQ2-1先分断 → KM2线圈失电 → KM2自锁触头分断解除自锁
→ KM2主触头分断 → 电动机停止反转，工作台停止右移
→ KM2联锁触头恢复闭合
→ SQ2-2后闭合 →

→ KM1线圈得电 → KM1自锁触头闭合自锁；KM1主触头闭合 → 电动机又正转运行 →；KM1联锁触头分断对KM2联锁

→ 工作台又左移（SQ2触头复位） → 继续重复上述过程，工作台就在限定的行程内自动往返运动

停止：

按下SB1 → 控制电路失电 → KM1或KM2主触头分断 → 电动机失电停止运行

其中SB2、SB3分别作为电动机正转启动和反转启动按钮，若启动时工作台在左端，则应该按下SB3进行启动。

想一想

工作台自动往返控制线路中的"自动"体现在哪里？

二、技能训练

安装工作台自动往返控制线路。

1. 训练目标

熟悉电动机基本控制线路的安装步骤和工艺要求，能正确安装工作台自动往返控制线路。

2. 准备工作

认真识读图1-27所示工作台自动往返控制电路图，明确线路的构成和工作原理后，根据电动机的规格选配工具、仪表和器材，并进行质量检验。

3. 安装步骤及工艺要求

在已安装好元件的控制线路板上，按要求完成布线。安装步骤及工艺要求参考模块二任务二点动正转控制线路的安装步骤和工艺要求。

4. 安装调试注意事项

(1) 行程开关可以先安装好，不占定额时间。行程开关必须牢固安装在合适的位置上。安装后，必须用手动工作台或受控机械进行试验，合格后才能使用。训练中，若无条件进行实际机械安装试验时，可将行程开关安装在控制板上方(或下方)两侧，进行手控模拟试验。

(2) 通电校验时，必须先手动行程开关，试验各行程控制和终端保护动作是否正常可靠。

(3) 通电校验时，必须有指导教师在现场监护，学生应根据电路的控制要求独立进行校验，若出现故障也应自行排除。

(4) 安装训练应在规定的定额时间内完成，同时要做到安全操作和文明生产。

5. 检修工作台自动往返控制线路注意事项

(1) 检修前，要先掌握电路图中各个控制环节的作用和原理。

(2) 在检修过程中，严禁扩大和产生新的故障，否则要立即停止检修。

(3) 检修思路和方法要正确。

(4) 寻找故障现象时，不要漏检行程开关。

(5) 带电检修故障时，必须有指导教师在现场监护，并要确保用电安全。

(6) 检修必须在额定时间内完成。

思考与练习

一、问答题

1. 请描述行程控制的原则。
2. 实现行程控制需要哪种低压电器元件？

二、分析题

请分析图 1-26 所示位置控制电路图的工作原理。

模块四　顺序控制与多地控制线路

在生产过程中，一些装有多台电动机的生产机械上，各个电动机所起到的作用是不同的，有时需要按照一定的顺序启动或者停止，才能保证操作过程合理，保证工作的安全可靠。例如 X62W 万能铣床上，要求主轴电动机启动后，进给电动机才能启动。模块四讲述了三相交流电动机的顺序控制和多地控制的原理，以及实现三相异步电动机顺序控制和多地控制的方法和控制线路。

任务一　顺序控制

在 X62W 型万能铣床上，要求主轴电动机启动后，进给电动机才能启动，M7120 型平面磨床则要求当砂轮电动机启动后，冷却泵电动机才能启动。X62W 型万能铣床主轴电动机和进给电动机的启动就是顺序控制，M7120 型平面磨床的砂轮电动机和冷却泵电动机的启动也是顺序控制。要求几台电动机的启动或停止必须按一定的先后顺序来完成的控制方式，称为电动机的顺序控制。

一、主电路实现顺序控制

图 1－28 所示是主电路实现电动机顺序控制的电路图。线路的特点是电动机 M2 的主电路接在 KM1 主触头的下面。因此，只有当 KM1 主触头闭合，电动机 M1 启动运转后，电动机 M2 才可能接通电源运转。

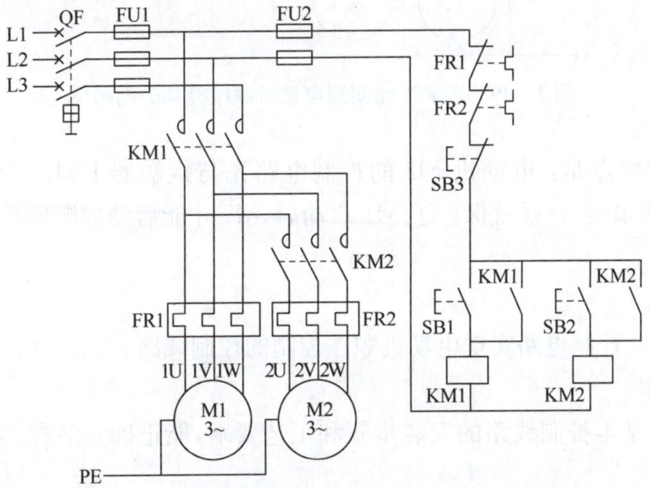

图 1－28　主电路实现电动机顺序控制的电路图

主电路实现电动机顺序控制线路工作原理：先合上电源开关 QS，M1 启动后 M2 才能启动。

按下SB1 → KM1线圈得电 → KM1主触头闭合 → / KM1自锁触头闭合自锁 →

电动机M1启动连续运转

再按下SB2 → KM2线圈得电 → KM2主触头闭合 / KM2自锁触头闭合自锁 →

电动机M2启动连续运转

M1、M2同时停转：

按下SB3 → 控制电路失电 → KM1、KM2主触头分断 → M1、M2同时停转

二、控制电路实现顺序控制

图 1－29 所示是控制电路实现电动机顺序控制的电路图。

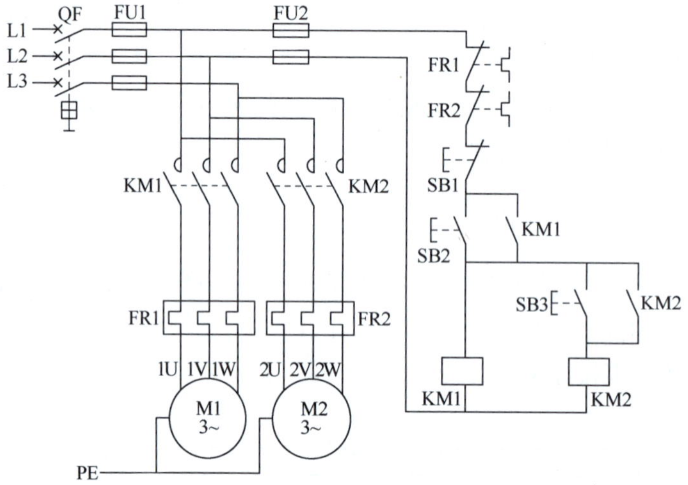

图 1－29　控制电路实现电动机顺序控制的电路图

控制线路的特点是：电动机 M2 的控制电路先与接触器 KM1 的线圈并接后再与 KM1 的自锁触头串接，这样就保证了 M1 启动后，M2 才能启动的顺序控制要求。

三、技能训练

安装图 1－29 控制电路实现电动机顺序控制的控制线路。

1. 训练目标

熟悉电动机基本控制线路的安装步骤和工艺要求，能正确安装控制电路实现顺序控制的控制线路。

2. 准备工作

认真识读图 1－29 控制电路实现电动机顺序控制的控制电路图，明确线路的构成和工作原理后，根据电动机的规格选配工具、仪表和器材，并进行质量检验。

3. 安装步骤及工艺要求

在已安装好元件的控制线路板上，按要求完成布线。安装步骤及工艺要求参考模块二任务二点动正转控制线路的安装步骤和工艺要求。

4. 安装调试注意事项

通电试车前，应熟悉线路的操作顺序，即合上电源开关 QS，先按下按钮 SB2 后启动电动机 M1，再按下按钮 SB3 启动电动机 M2，如果按下按钮 SB1，则电动机 M1 和 M2 顺序运行停止。

想一想

顺序控制有几种形式？

任务二　多地控制

能在两地或多地控制同一台电动机的控制方式称为电动机的多地控制。如图 1－30 所示为两地控制的具有过载保护接触器自锁正转控制线路的电路图。其中 SB11、SB12 为安装在甲地的启动按钮和停止按钮，SB21、SB22 为安装在乙地的启动按钮和停止按钮。

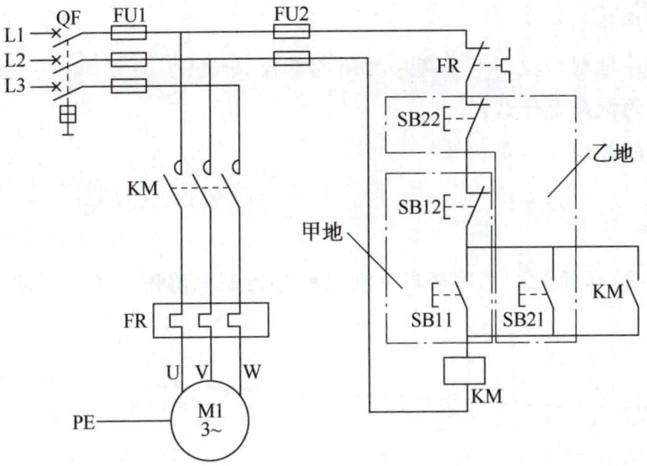

图 1－30　两地控制的具有过载保护接触器自锁正转控制线路的电路图

从两地控制线路中发现：两地的启动按钮 SB11、SB21 要并联接在一起，停止按钮 SB12、SB22 要串联接在一起。这样就可以分别在甲、乙两地启动和停止同一台电动机，达到操作方便的目的。

对三地或多地控制，只要把各地的启动按钮并接、停止按钮串接就可以实现。

想一想

多地控制的接线原则是什么？在设计主电路和控制电路时需要注意些什么？

思考与练习

一、选择题（选择正确的答案，将相应的字母填入题内的括号中）

1. 为了能在两地控制同一台电动机，两地的启动按钮 SB1、SB2 应采用（　　）的接法。
   A. SB1、SB2 的常开触点并联接在一起
   B. SB1、SB2 的常开触点串联接在一起
   C. SB1、SB2 的常闭触点并联接在一起
   D. SB1、SB2 的常闭触点串联接在一起
2. 为了能在多地控制同一台电动机，多地控制的启动按钮、停止按钮应采用（　　）的接法。
   A. 启动按钮常闭触点并接，停止按钮的常闭触点串联
   B. 启动按钮常开触点并接，停止按钮的常闭触点串联
   C. 启动按钮常开触点并接，停止按钮的常开触点串联
   D. 启动按钮常开触点串接，停止按钮的常闭触点并联

二、问答题

1. 什么叫顺序控制？
2. 主电路顺序控制和控制电路顺序控制各有什么特点？
3. 多地控制的概念是什么？
4. 多地控制的接线原则是什么？

三、分析题

请分析图 1-29 所示控制电路实现电动机顺序控制电路图的工作原理。

模块五 三相笼型异步电动机降压启动控制线路

在正确完成电动机点动正转控制线路后，进行控制线路的调试，此时加在电动机定子绕组上的电压等于电动机的额定电压，电动机进行全压启动。那么三相交流电动机的启动都可以在全压下进行吗？模块五就以笼型电动机为主，讲述三相交流电动机的启动控制，详细分析降压启动的方法和控制线路。

电动机启动时，加在电动机定子绕组上的电压是电动机的额定电压，属于全压启动，又称直接启动。

直接启动的优点是所用电气设备少、线路简单、维修量较小。但直接启动时的启动电流较大，一般为额定电流的4～7倍。在电源变压器容量不够大，而电动机功率较大的情况下，直接启动将导致电源变压器输出电压下降，不仅会减小电动机本身的启动转矩，而且会影响同一供电线路中其他电气设备的正常工作。因此，较大容量的电动机启动时，需要采用降压启动的方法。

通常规定：电源容量在180 kV·A以上，电动机容量在7 kW以下的三相异步电动机可采用直接启动。判断一台电动机能否直接启动，还可以用下面的经验公式来确定：

$$\frac{I_{st}}{I_N} \leqslant \frac{3}{4} + \frac{S}{4P}$$

式中 I_{st}——电动机全压启动电流(A)；

I_N——电动机额定电流(A)；

S——电源变压器容量(kV·A)；

P——电动机功率(kW)。

凡是不能满足直接启动条件的，均须采用降压启动。

降压启动是指利用启动设备将电压适当降低后，加到电动机的定子绕组上进行启动，待电动机启动运转后，再使其电压恢复到额定电压正常运转。

由于电流随电压的降低而减小，所以降压启动达到了减小启动电流的目的。但是，由于电动机的转矩与电压的平方成正比，所以降压启动也将导致电动机的启动转矩大为降低。因此，降压启动需要电动机在空载或轻载下进行。笼型异步电动机常见的降压启动方法有定子绕组串接电阻降压启动、自耦变压器降压启动、Y-△降压启动和延边三角形降压启动等。

任务一 定子绕组串接电阻降压启动控制线路

一、定子绕组串接电阻降压启动

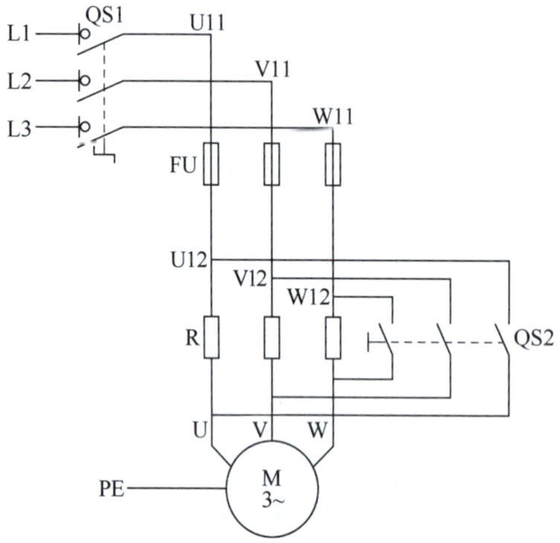

图 1－31 手动控制串接电阻降压启动控制电路图

先看一个手动控制串电阻降压启动控制电路的例子，电路如图 1－31 所示。

图 1－31 所示控制线路将电阻串接在电动机定子绕组和电源之间，通过电阻的分压作用来降低定子绕组上的启动电压，等电动机启动后在将电阻短接，恢复到电动机额定电压下运行。启动时先合上 QS1，电动机串接电阻 R 进行降压启动，至电动机转速上升到一定值时，合上 QS2，将电阻 R 短接，电动机恢复全压运行。开关 QS2 实现了电动机降压启动到全压运行的这一过程。

在实际应用中，这种控制线路不方便也不安全可靠，因此常采用时间继电器来自动完成短接分压电阻的要求，实现自动控制。

如图 1－32 所示，是用接触器 KM2 的主触头代替了图 1－31 中的手动开关 QS2 来短接分压电阻 R，用时间继电器 KT 来控制电动机降压启动到全压运行的时间，从而实现自动控制。

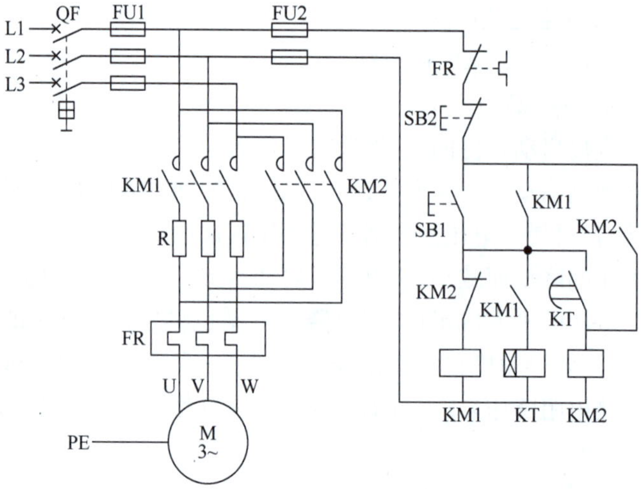

图 1－32 定子绕组串接电阻降压启动控制电路图

二、定子绕组串接电阻降压启动控制线路工作原理

先合上电源开关 QS。

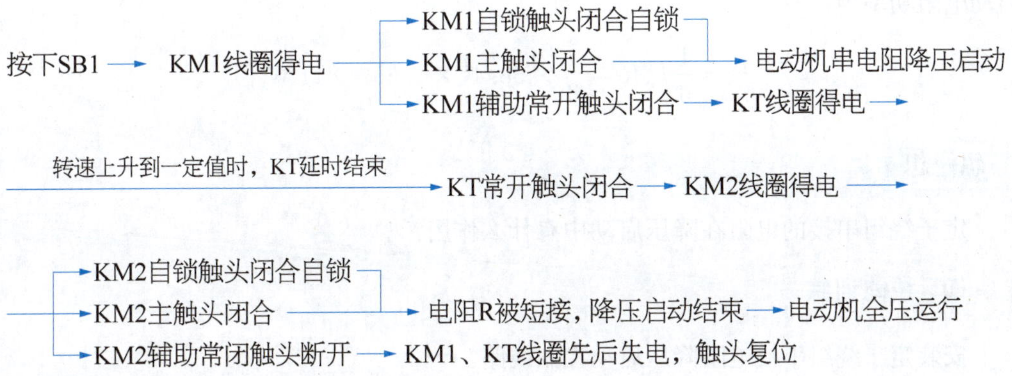

停止时，按下SB2，控制电路失电，电动机失电停止运行。

三、启动电阻的设定

启动电阻 R 一般采用 ZX1、ZX2 系列铸铁电阻，铸铁电阻能够通过较大电流，并且功率大。启动电阻 R 的阻值可按以下近似公式确定：

$$R = 190 \times \frac{I_{st} - I'_{st}}{I_{st} I'_{st}}$$

式中 I_{st}——未串电阻前的启动电流(A)，一般 4～$7I_N$；

I'_{st}——串电阻后的启动电流(A)，一般 2～$3I_N$；

I_N——电动机额定电流(A)；

R——电动机每相串接的启动电阻值(Ω)。

电阻功率可用公式 $P = I_N^2 R$ 计算，由于启动电阻 R 仅在启动过程中接入，且启动时间很短，所以实际选用的电阻功率可比计算值减小 3～4 倍。

定子绕组串电阻降压启动的特点是降低电动机的启动电流，但同时也减小了电动机的启动转矩，而且启动时在电阻上功率消耗也较大。如果启动频繁，则电阻的温度很高，对于精密的机床会产生一定的影响，因此，目前这种降压启动的方法，在生产实际中的应用正在逐步减少。

例 1-4 一台三相笼型异步电动机功率为 20 kW，额定电流为 38.4 A，电压为 380 V。问各相应串联多大的启动电阻进行降压启动？

解： 选取

$$I_{st} = 6I_N = 6 \times 38.4 = 230.4 \text{ A},$$

$$I'_{st} = 2I_N = 2 \times 38.4 = 76.8 \text{ A}$$

启动电阻阻值为

$$R=190\times\frac{I_{st}-I'_{st}}{I_{st}I'_{st}}=190\times\frac{230.4-76.8}{230.4\times76.8}\approx1.65\ \Omega$$

启动电阻功率为

$$P=\frac{1}{3}I_N^2R=\frac{1}{3}\times38.4^2\times1.65=811\ \text{W}$$

想一想

定子绕组串接的电阻在降压启动中有什么作用？

四、技能训练

安装定子绕组串接电阻降压启动控制线路。

1. 训练目标

熟悉电动机基本控制线路的安装步骤和工艺要求，能正确安装定子绕组串接电阻降压启动控制线路。

2. 准备工作

认真识读图 1－32 定子绕组串接电阻降压启动控制电路图，明确线路的构成和工作原理后，根据电动机的规格选配工具、仪表和器材，并进行质量检验。

3. 安装步骤及工艺要求

在已安装好元件的控制线路板上，按要求完成布线。安装步骤及工艺要求参考模块二任务二点动正转控制线路的安装步骤和工艺要求。

4. 安装调试注意事项

(1) 电阻器要安装在箱体内，并且要考虑其产生的热量对其他电器的影响。若将电阻器置于箱外时，必须采取遮护或隔离措施，以防止发生触电事故。

(2) 布线时，要注意短接电阻器的接触器 KM2 在主电路的接线不能接错，否则，会由于相序接反而造成电动机反转。

(3) 时间继电器的安装，必须使继电器在断电后，动铁心释放时的运动方向垂直向下。

(4) 时间继电器和热继电器的整定值，应在不通电时预先整定好，并在试车时校正。

(5) 电动机、电阻器及时间继电器等不带电的金属外壳必须可靠接地，并应将接地线接在它们指定的专用接地螺钉上。

(6) 若无启动变阻器时，也可用灯箱来进行模拟试验，但三相灯泡的规格必须相同并符合要求。

任务二　自耦变压器启动控制线路

图 1－33 是三相自耦变压器，当作为降压变压器使用时，从绕组中抽出一部分线匝作

为二次绕组；当作为升压变压器使用时，外施电压只加在绕组的一部分线匝上。通常把同时属于一次和二次的那部分绕组称为公共绕组，自耦变压器的其余部分称为串联绕组，同容量的自耦变压器与普通变压器相比，不但尺寸小，而且效率高，并且变压器容量越大，电压越高，这个优点就越加突出。自耦变压器由于其容量大、损耗小、造价低而得到广泛应用。

图 1－33　三相自耦变压器

图 1－34 所示是自耦变压器降压启动电路图。启动时，先合上电源开关 QS1，再将开关 QS2 扳向"启动"位置，此时电动机的定子绕组与变压器的二次侧相接，电动机进行降压启动。待电动机转速上升到一定值时，迅速将开关 QS2 从"启动"位置扳到"运行"位置，此时电动机与自耦变压器脱离而直接与电源相接，电动机在额定电压下正常运行。

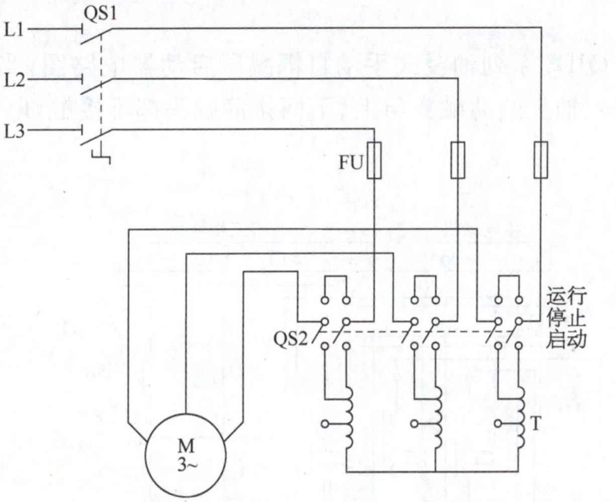

图 1－34　自耦变压器降压启动电路图

自耦变压器降压启动是在电动机启动时利用自耦变压器来降低加在电动机定子绕组上的启动电压。待电动机启动结束后，再使电动机与自耦变压器脱离，从而在全压下正常运行。利用自耦变压器来进行降压的启动装置称为自耦减压启动器，其产品有手动式和自动式两种。

一、手动自耦减压启动器

常用的手动自耦减压启动器有 QJD3 系列油浸式和 QJ10 系列空气式两种。

1. QJD3 系列油浸式手动自耦减压启动器

QJD3 系列油浸式手动自耦减压启动器如图 1－35 所示，主要由薄钢板制成的防护式外壳、自耦变压器、接触系统(触头浸在油中)、操作机构及保护系统五部分组成，具有过载和失压保护功能。适用于一般工业用的交流 50 Hz 或 60 Hz、额定电压 380 V、功率 10～75 kW 的三相笼型异步电动机，做不频繁降压启动和停止用。

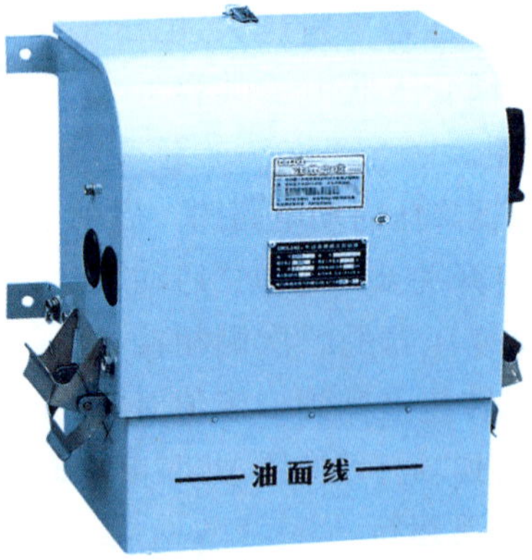

图 1－35　QJD3 系列油浸式手动自耦减压启动器外形图

图 1－36 是 QJD3 系列油浸式手动自耦减压启动器电路图，当操作手柄扳到“停止”位置时，装在主轴上的动触头与上、下两排静触头都不接触，电动机处于断电停止状态。

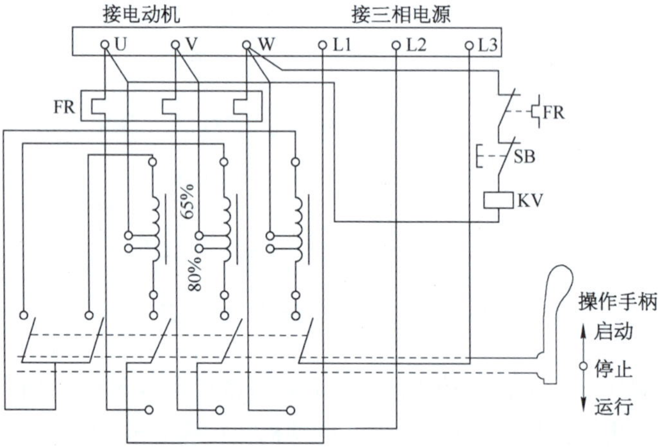

图 1－36　QJD3 系列油浸式手动自耦减压启动器电路图

QJD3 系列油浸式手动自耦减压启动器工作原理如下：

(1) 当操作手柄向前推到“启动”位置时，装在主轴上的动触头与上面一排启动静触头接触，三相电源 L1、L2、L3 通过右边三个动、静触头接入自耦变压器，又经自耦变压器的三个 65%(或 80%)抽头接入电动机进行降压启动；左边两个动、静触头接触则把自耦变压器接成了Y形。

(2) 当电动机的转速上升到一定值时，将操作手柄向后迅速扳到“运行”位置，使右边三个动触头与下面一排的三个运行静触头接触，这时自耦变压器脱离，电动机与三相电源L1、L2、L3直接相接全压运行。

(3) 停止时，按下停止按钮SB，失压脱扣器KV线圈失电，衔铁下落释放，通过机械操作机构使启动器掉闸，操作手柄便自动回到"停止"位置，电动机断电停转。

由于热继电器FR的常闭触头、停止按钮SB、失压脱扣器线圈KV串接在U、W两相电源上，所以当出现电源电压不足、突然停电、电动机过载和停车等情况时都能使启动器掉闸，电动机断电停转。启动器根据额定电压和额定功率，以选定其触头额定电流及启动用自耦变压器等接合而分类。

2. QJ10系列空气式手动自耦减压启动器

该系列启动器适用于交流50 Hz、电压380V及以下、容量75 kW及以下的三相笼型异步电动机，做不频繁降压启动和停止用。

在结构上，QJ10系列启动器也是由箱体、自耦变压器、保护装置、触头系统和手柄操作机构五部分组成。它的触头系统有一组启动触头、一组中性触头和一组运行触头。QJ10系列空气式手动自耦减压启动器电路如图1－37所示。

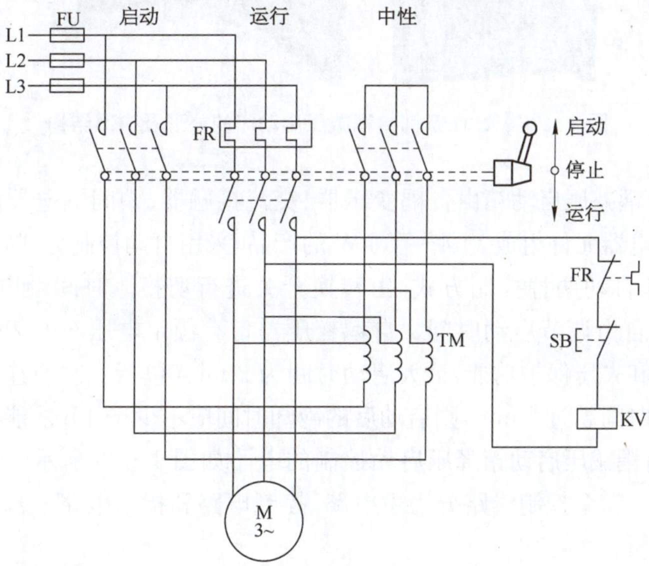

图1－37　QJ10系列空气式手动自耦减压启动器电路图

QJ10系列空气式自耦减压启动器的工作原理如下：

(1) 当操作手柄扳到"停止"位置时，所有的动、静触头均断开，电动机处于断电停止状态；当操作手柄向前推到"启动"位置时，启动触头和中性触头同时闭合，三相电源经启动触头接入自耦变压器TM，又经自耦变压器的三个抽头接入电动机进行降压启动，中性触头则把自耦变压器接成了Y形。

(2) 当电动机的转速上升到一定值后，将操作手柄迅速扳到"运行"位置，启动触头和中性触头先同时断开，运行触头随后闭合，这时自耦变压器脱离，电动机与三相电源L1、

L2、L3 直接相接全压运行。

(3) 停止时，按下 SB 即可。

二、XJ01 系列自耦减压启动箱

XJ01 系列自耦减压启动箱是我国生产的自耦变压器降压启动自动控制设备，广泛用于交流为 50 Hz、电压为 380 V、功率为 14～300 kW 的三相笼型异步电动机作不频繁的降压启动用。XJ01 系列自耦减压启动箱的外形及内部结构如图 1－38 所示。

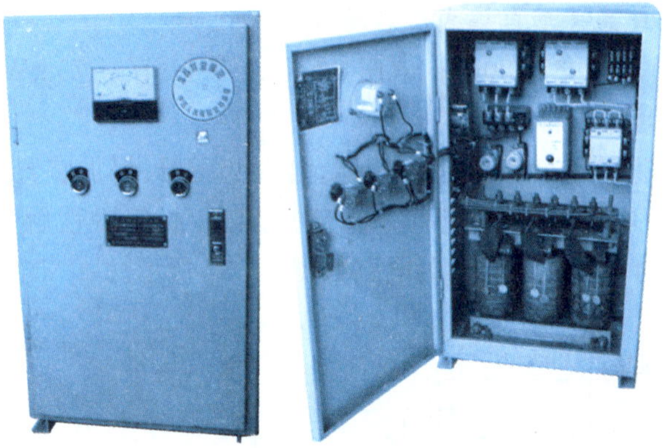

图 1－38　XJ01 系列自耦减压启动箱的外形及内部结构

XJ01 系列自耦减压启动箱由自耦变压器、交流接触器、中间继电器、热继电器、时间继电器和按钮等电器元件组成。14～75 kW 的产品，采用自动控制方式；100～300 kW 的产品，具有手动和自动两种控制方式，由转换开关进行切换。时间继电器为可调式，在 5～120 s 内可以自由调节启动时间。自耦变压器备有额定电压 60％和 80％两挡抽头。启动箱具有过载和失压保护功能，最大启动时间为 2 min(包括一次或连续数次启动时间的总和)，若启动时间超过 2 min，则启动后的冷却时间应不少于 4 h 才能再次启动。

XJ01 系列自耦减压启动箱降压启动控制的电路如图 1－39 所示。虚线框内的按钮是异地控制按钮。整个控制线路分为主电路、控制电路和指示电路三部分。线路工作原理请读者自行分析。

想一想

自耦变压器降压启动的优缺点有哪些?

三、技能训练

安装自耦变压器降压启动控制线路。

1. 训练目标

熟悉电动机基本控制线路的安装步骤和工艺要求，能正确安装自耦变压器降压启动控制线路。

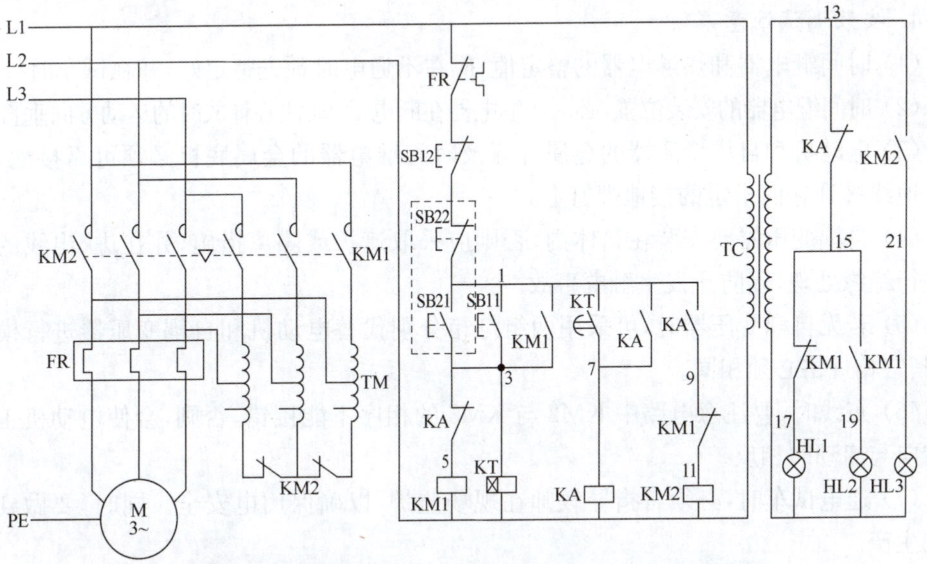

图 1－39 XJ01 系列自耦减压启动箱降压启动控制电路图

2．准备工作

认真识读图 1－40 所示自耦变压器降压启动控制电路图，明确线路的构成和工作原理后，根据电动机的规格选配工具、仪表和器材，并进行质量检验。

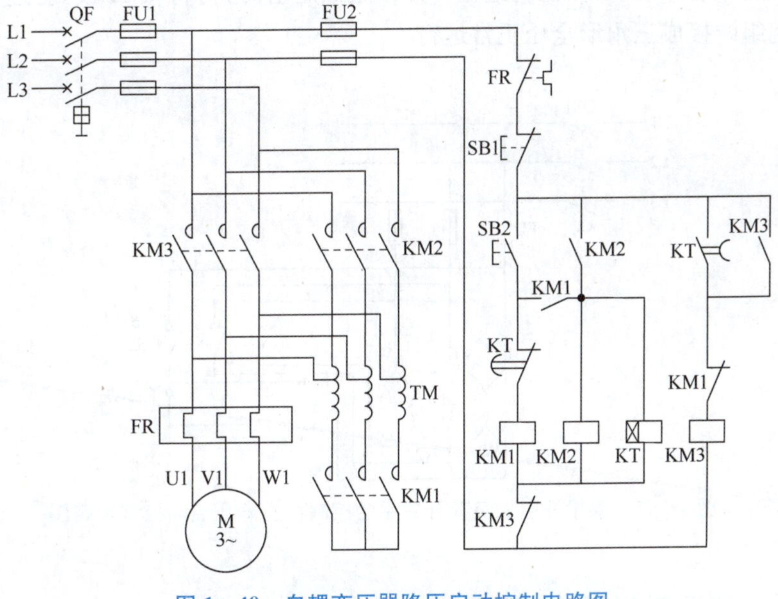

图 1－40 自耦变压器降压启动控制电路图

3．安装步骤及工艺要求

在已安装好元件的控制线路板上，按要求完成布线。安装步骤及工艺要求参考模块二任务二点动正转控制线路的安装步骤和工艺要求。

4. 安装调试注意事项

(1) 时间继电器和热继电器的整定值,应在不通电时预先整定好,并在试车时校正。

(2) 时间继电器的安装位置,必须使继电器在断电后,动铁心释放时的运动方向垂直向下。

(3) 电动机和自耦变压器的金属外壳及时间继电器的金属底板必须可靠接地,并应将接地线接到它们指定的接地螺钉上。

(4) 自耦变压器要安装在箱体内,否则应采取遮护或隔离措施,并在进、出线的端子上进行绝缘处理,以防止发生触电事故。

(5) 若无自耦变压器时,可采用两组灯箱分别代替电动机和自耦变压器进行模拟试验,其三相规格必须相同。

(6) 布线时,要注意电路中 KM2 与 KM3 的相序不能接错,否则,会使电动机工作时的转向与启动时相反。

(7) 通电试车时,必须有指导教师在现场监护,以确保用电安全。同时,要做到安全文明生产。

任务三 Y-△降压启动控制线路

分析图 1-41 所示双投开启式负荷开关手动控制Y-△降压启动控制电路。线路启动时,先合上电源开关 QS1,然后把开启式负荷开关 QS2 扳到"启动"位置,电动机定子绕组便接成星形降压启动;当电动机转速上升并接近额定值时,再将 QS2 扳到"运行"位置,电动机定子绕组改接成三角形全压正常运行。

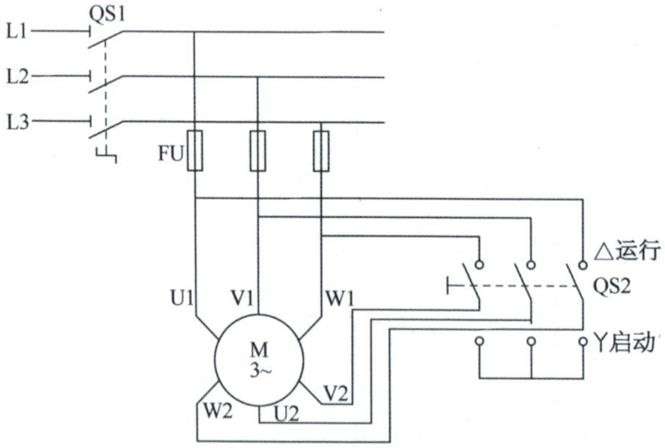

图 1-41 双投开启式负荷开关手动控制Y-△降压启动控制电路图

一、Y-△降压启动控制线路

图 1-42 是时间继电器自动控制Y-△降压启动控制电路图。该电路由三个接触器、一个热继电器、一个时间继电器和两个按钮组成。接触器 KM 作引入电源用,接触器 KM_Y 和 $KM_\triangle$ 分别作星形降压启动用和三角形运行用,时间继电器 KT 用作控制星形降

压启动时间和完成Y-△自动切换。SB1 是启动按钮，SB2 是停止按钮，FU1 作主电路的短路保护，FU2 作控制电路的短路保护，FR 作过载保护。

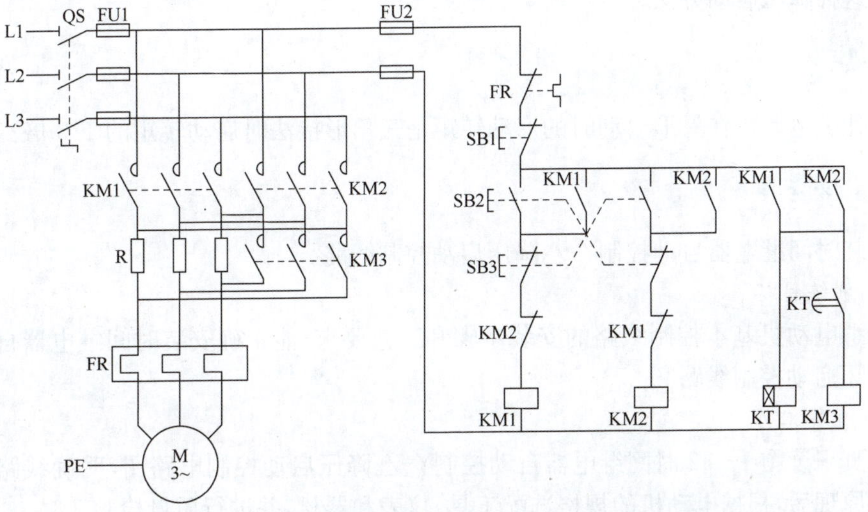

图 1－42　时间继电器自动控制Y-△降压启动控制电路图

二、Y-△降压启动控制工作原理

先合上电源开关 QS。

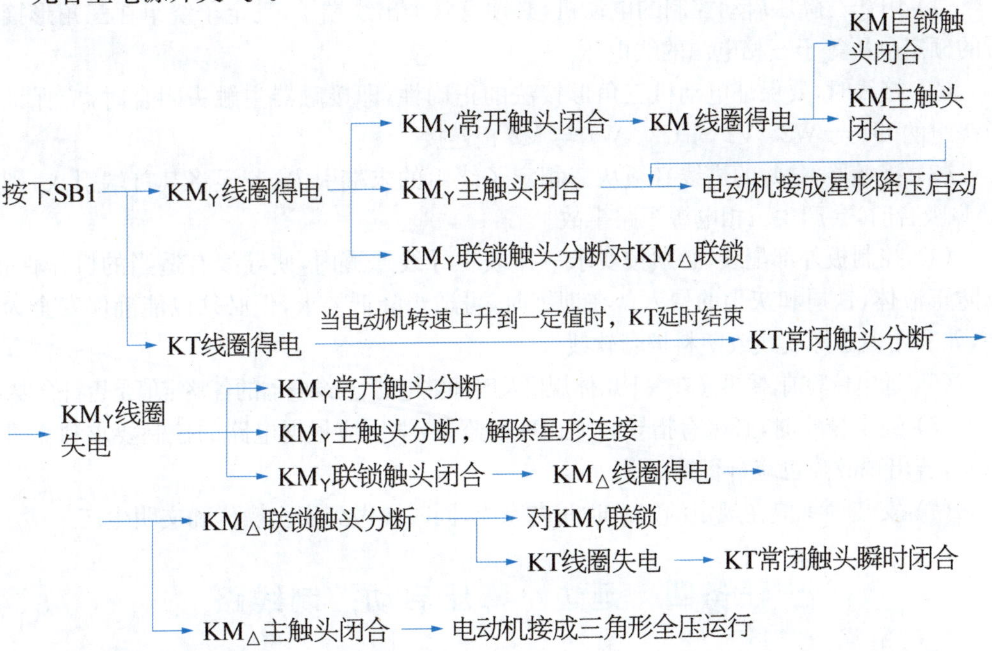

停止：按下SB2。

电动机启动时接成星形，加在每相定子绕组上的启动电压只有三角形接法的$\frac{1}{\sqrt{3}}$，启动电流为三角形接法的1/3，启动转矩也只有三角形接法的1/3。所以这种降压启动方法只适用于轻载或空载下启动。凡是在正常运行时定子绕组作三角形连接的异步电动机，均可采用这种降压启动方法。

想一想

为什么电动机在星形启动时的启动转矩是三角形接法时启动转矩的1/3倍？

三、技能训练

安装时间继电器自动控制Y-△降压启动控制线路。

1. 训练目标

熟悉电动机基本控制线路的安装步骤和工艺要求，能正确安装时间继电器自动控制Y-△降压启动控制线路。

2. 准备工作

认真识读图1－42时间继电器自动控制Y-△降压启动控制电路图，明确线路的构成和工作原理后，根据电动机的规格选配工具、仪表和器材，并进行质量检验。

3. 安装步骤及工艺要求

在已安装好元件的控制线路板上，按要求完成布线。安装步骤及工艺要求参考模块二任务二点动正转控制线路的安装步骤和工艺要求。

4. 安装调试注意事项

(1) 用Y-△降压启动控制的电动机，必须有六个出线端子，且定子绕组在三角形接法时的额定电压等于三相电源的线电压。

(2) 接线时，要保证电动机三角形接法的正确性，即接触器主触头闭合时，应保证定子绕组的U1与W2、V1与U2、W1与V2相连接。

(3) 接触器KM_Y的进线必须从三相定子绕组的末端引入，若误将其首端引入，则在KM_Y吸合时，会产生三相电源短路事故。

(4) 控制板外部配线，必须按要求一律装在导线通道内，使导线有适当的机械保护，以防止液体、铁屑和灰尘的侵入。在训练时，可适当降低要求，但必须以能确保安全为条件，如采用多芯橡皮线或塑料护套软线。

(5) 通电校验前，要再检查一下熔体规格及时间继电器、热继电器的各整定值是否符合要求。

(6) 通电校验时，必须有指导教师在现场监护，学生应根据电路的控制要求独立进行校验，若出现故障也应自行排除。

(7) 安装训练应在规定的定额时间内完成，同时要做到安全操作和文明生产。

任务四　延边△降压启动控制线路

一、延边△降压启动

延边△降压启动是指电动机启动时，把定子绕组的一部分接成“△”，另一部分接成

“Y”,使整个绕组接成延边△,如图 1 - 43a 所示。待电动机启动后,再把定子绕组改接成△形全压运行,如图 1 - 43b 所示。

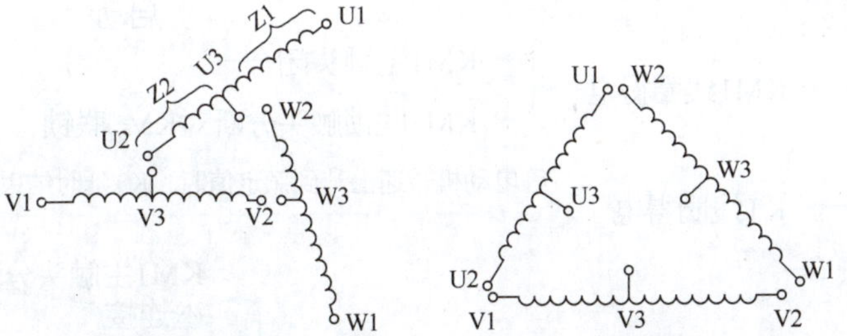

(a) 延边△接法　　(b) △接法

图 1 - 43　延边△降压启动电动机定子绕组的连接方式

延边△降压启动是在Y-△降压启动的基础上加以改进而形成的一种启动方式,它把星形和三角形两种接法结合起来,使电动机每相定子绕组承受的电压小于三角形接法时的相电压,而大于星形接法时的相电压,每相绕组电压的大小可通过改变电动机绕组抽头(U3、V3、W3)的位置来调节,克服了Y-△降压启动时启动电压偏低、启动转矩偏小的缺点。

由图 1 - 43 可以看出,采用延边△降压启动的电动机通过调节定子绕组的抽头比 K,就可以得到不同数值的启动电流和启动转矩,从而满足不同的使用要求。

二、延边△降压启动控制线路工作原理

如图 1 - 44 所示为延边△降压启动控制线路,下面来分析它的工作原理。

合上电源开关 QS。

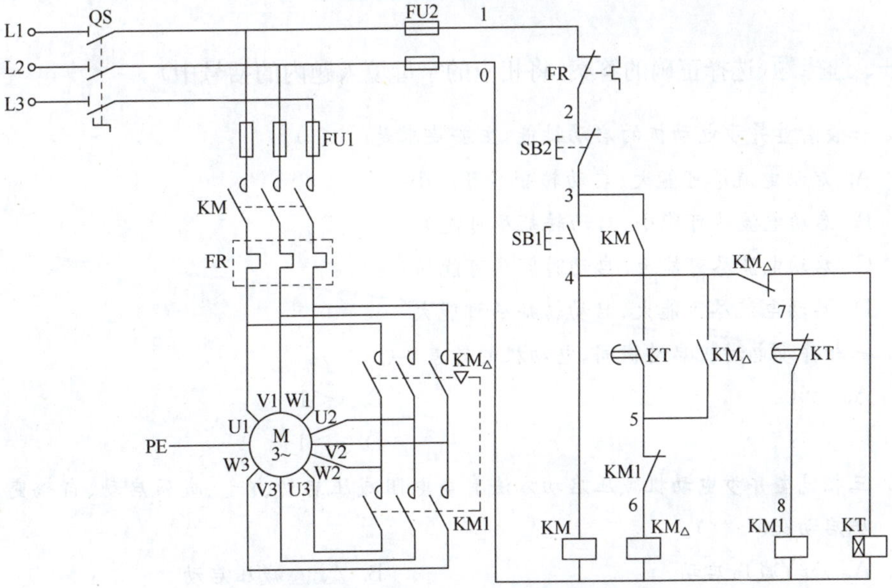

图 1 - 44　延边△降压启动控制电路图

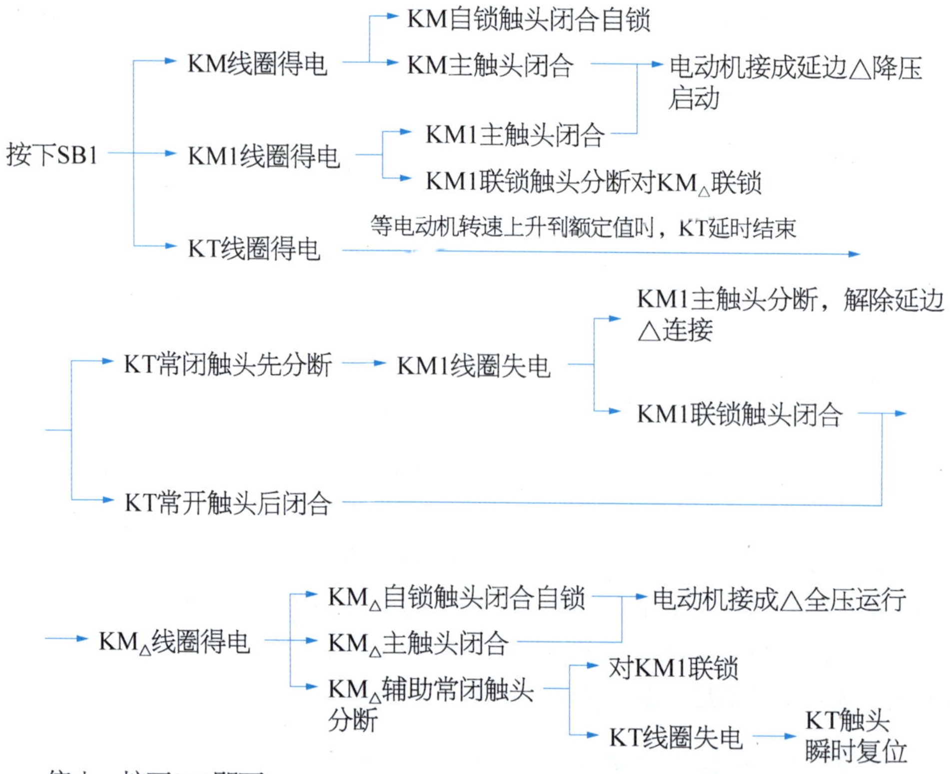

停止：按下SB2即可。

思考与练习

一、选择题(选择正确的答案，将相应的字母填入题内的括号中)

1. 一般衡量异步电动机的启动性能，主要要求是(　　)。

   A. 启动电流尽可能大、启动转矩尽可能小

   B. 启动电流尽可能小、启动转矩尽可能大

   C. 启动电流尽可能大、启动时间尽可能短

   D. 启动电流尽可能大、启动转矩尽可能大

2. 三相异步电动机启动瞬间，电动机的转差率(　　)。

   A. $s=0$　　　　B. $s<1$

   C. $s=1$　　　　D. $s>1$

3. 三相笼型异步电动机减压启动方法有串电阻减压启动、Y-△减压启动、自耦变压器减压启动及(　　)。

   A. △-Y减压启动　　　　B. △-△减压启动

   C. 延边三角形减压启动　　　　D. 延边星形减压启动

4. 三相笼型电动机减压启动方法有串电阻减压启动、Y-△减压启动、延边三角形减压启动及(　　)。

A. △-Y减压启动　　B. △-△减压启动

C. 延边星形减压启动　　D. 自耦变压器减压启动

5. 电动机采用Y-△减压启动，定子绕组接成星形启动的线电流是接成三角形启动线电流的(　　)。

A. 1/2　　B. 1/3

C. 2/3　　D. 3/2

6. 电动机采用Y-△减压启动的启动转矩是全压启动转矩的(　　)。

A. 1/4　　B. 1/2

C. 1/3　　D. 2/3

7. 电动机采用自耦变压器减压启动，当启动电压是额定电压的80%时，启动转矩是额定电压下启动时启动转矩的(　　)倍。

A. 0.34　　B. 0.51　　C. 0.64　　D. 0.8

二、问答题

1. 什么是降压启动？常见的降压启动方法有哪几种？
2. 什么是延边三角形降压启动？

三、分析题

1. 图1-45所示为定子绕组串接电阻降压启动控制的两个主电路。试比较分析两个主电路的接线有何不同，在启动和工作过程中有何区别。

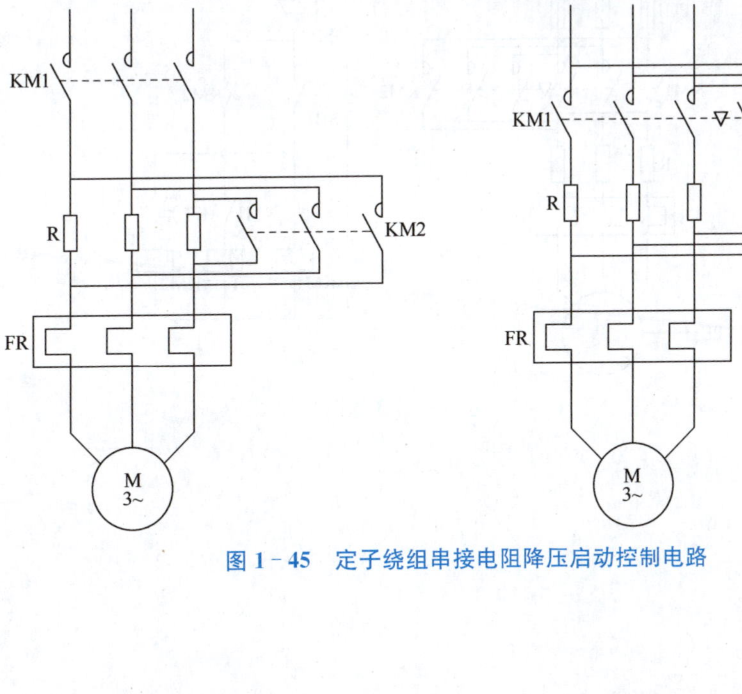

图1-45　定子绕组串接电阻降压启动控制电路

2. 图 1－46 所示为正反转串电阻降压启动控制电路图，试分析叙述其工作原理。

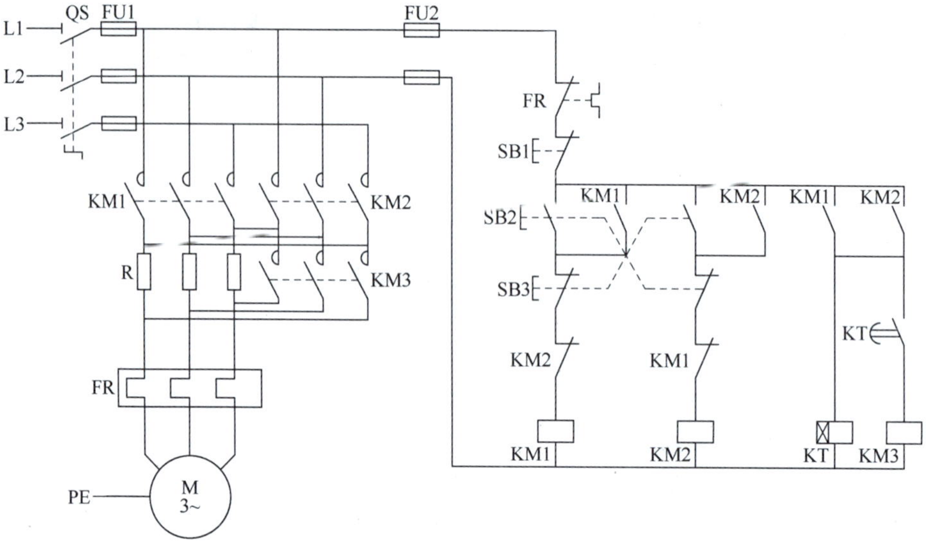

图 1－46　正反转串电阻降压启动控制电路

3. 试分析图 1－47 所示电路能否正常实现串电阻降压启动，若不能，请说明原因并加以改进。

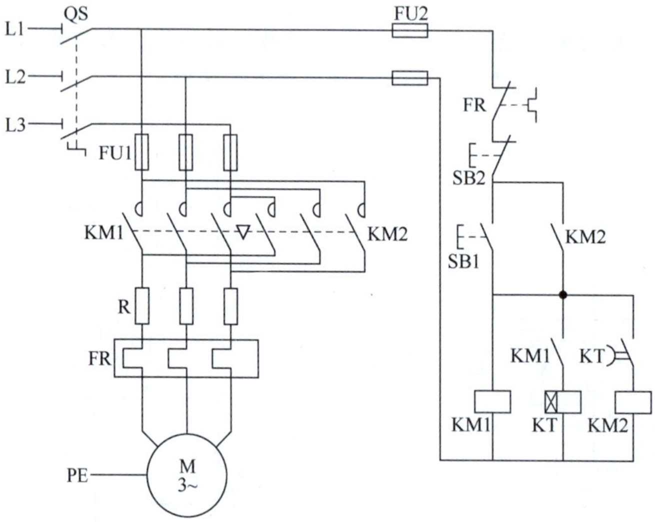

图 1－47　分析题第 3 题图

模块六　三相异步电动机的制动控制线路

电动机在断开电源后，由于惯性不会马上停止转动，而是需要转动一段时间才会完全停止。这种情况对于某些生产机械是不合适的，例如起重机的吊钩需要准确定位，万能铣床要求立即停转等。为了满足生产机械的这种要求，需要对电动机进行制动。所谓制动，就是给电动机一个与转动方向相反的转矩使它迅速停转（或限制其转速）。制动的方法一般有两类：机械制动和电力制动。模块六主要讲述电动机的制动方法，详细分析了能耗制动和反接制动控制线路。

任务一　机械制动

利用机械装置使电动机断开电源后迅速停转的方法称为机械制动。机械制动常用的方法有电磁抱闸制动器制动和电磁离合器制动两种。

一、电磁抱闸制动器

图 1-48 中，图(a)为 MZD1 系列交流单相制动电磁铁外形，图(b)为 TJ2 系列闸瓦制动器外形，它们配合使用共同组成电磁抱闸制动器。电磁抱闸制动器的结构和符号如图 1-49 所示。

(a)　　(b)

图 1-48　电磁抱闸制动器组成

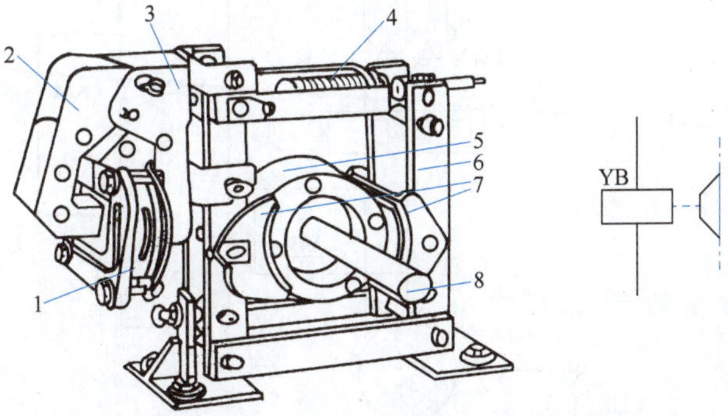

1—线圈；2—衔铁；3—铁心；4—弹簧；5—闸轮；6—杠杆；7—闸瓦；8—轴

图 1-49　电磁抱闸制动器（结构、符号）

电磁铁和制动器的型号及其含义如下：

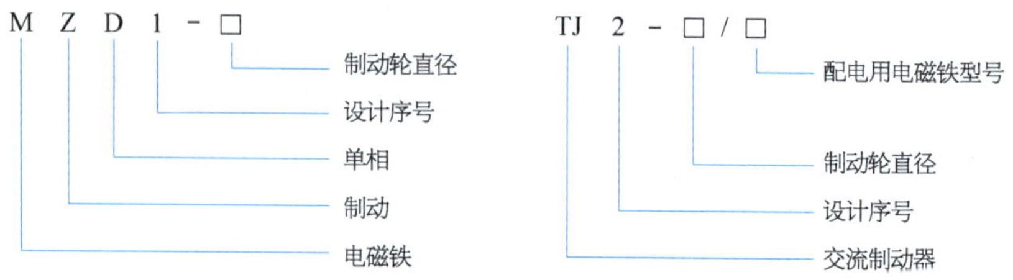

制动电磁铁由铁心、衔铁和线圈三部分组成。制动器包括闸轮、闸瓦、杠杆和弹簧等部分。电磁抱闸制动器分为断电制动型和通电制动型两种。

断电制动型的工作原理是：当制动电磁铁的线圈得电时，制动器的闸瓦与闸轮分开，无制动作用；当线圈失电时，制动器的闸瓦紧紧抱住闸轮制动。

通电制动型的工作原理是：当制动电磁铁的线圈得电时，闸瓦紧紧抱住闸轮制动；当线圈失电时，制动器的闸瓦与闸轮分开，无制动作用。

二、电磁抱闸制动器断电制动控制线路

图 1－50 是电磁抱闸制动器断电制动控制电路，线路工作原理如下：

启动运转：先合上电源开关 QS。按下启动按钮 SB2，接触器 KM 线圈得电，其自锁触头和主触头闭合，电动机 M 接通电源，同时电磁抱闸制动器 YB 线圈得电，衔铁与铁心吸合，衔铁克服弹簧拉力，迫使制动杠杆向上移动，从而使制动器的闸瓦与闸轮分开，电动机正常运转。

制动停转：按下停止按钮 SB1，接触器 KM 线圈失电，其自锁触头和主触头分断，电动机 M 失电，同时电磁抱闸制动器 YB 线圈也失电，衔铁与铁心分开，在弹簧拉力的作用下，制动器的闸瓦紧紧抱住闸轮，使电动机被迅速制动而停转。

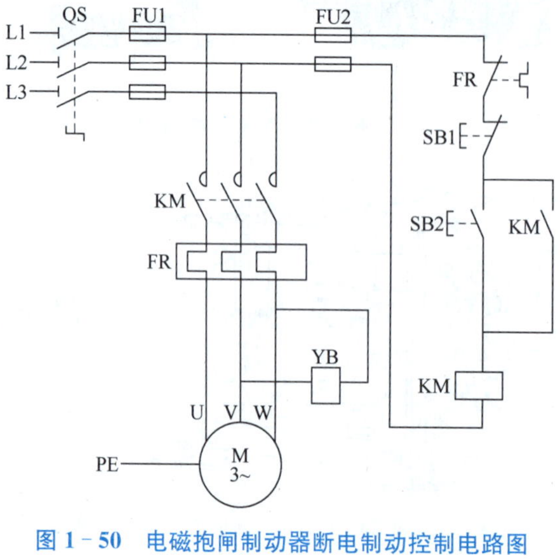

图 1－50　电磁抱闸制动器断电制动控制电路图

电磁抱闸制动器断电制动在起重机械上被广泛采用。其优点是能够准确定位，同时可防止电动机突然断电时重物自行坠落。但由于电磁抱闸制动器线圈耗电时间与电动机一样长，因此不够经济。另外，由于电磁抱闸制动器在切断电源后的制动作用，使手动调整工件很困难。

对要求电动机制动后能够调整工件位置的机床设备，可以采用通电制动控制线路，通电电磁抱闸制动器工作原理示意图如图 1 - 51 所示。

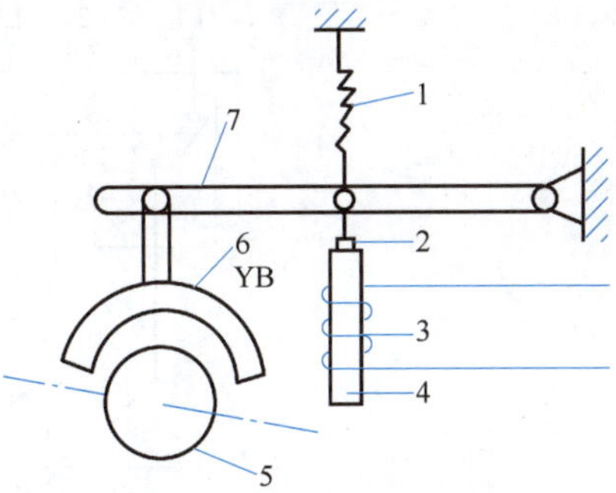

1—弹簧；2—衔铁；3—线圈；4—铁心；
5—闸轮；6—闸瓦；7—杠杆

图 1 - 51 通电电磁抱闸制动器工作原理示意图

这种通电制动与上述断电制动方法稍有不同。当电动机得电运转时，电磁抱闸制动器线圈断电，闸瓦与闸轮分开，无制动作用；当电动机失电需停转时，电磁抱闸制动器的线圈得电，使闸瓦紧紧抱住闸轮制动；当电动机处于停转常态时，线圈也无电，闸瓦与闸轮分开，这样操作人员可以用手扳动主轴进行调整工件、对刀等操作。

想一想

电动机采用的电磁抱闸制动器，分为哪两种类型？

任务二 电力制动

使电动机在切断电源停转的过程中，产生一个和电动机实际旋转方向相反的电磁力矩（制动力矩），迫使电动机迅速制动停转的方法称为电力制动。电力制动常用的方法有反接制动、能耗制动、电容制动和再生发电制动等。

一、反接制动

反接制动是依靠改变电动机定子绕组的电源相序来产生制动力矩，从而迫使电动机能够迅速停止转动。

如图 1 - 52a 所示反接制动电路，当 QS 向上投合时，电动机定子绕组电源电压相序为 L1 - L2 - L3，电动机将沿旋转磁场方向，如图 1 - 52b 顺时针方向，以 $n<n_1$ 的转速正常运转。当电动机需要停转时，拉下开关 QS，使电动机先脱离电源（此时转子由于惯性仍按原方向旋转）。随后，将开关 QS 迅速向下投合，由于 L1、L2 两相电源线对调，电动机定子绕组电源电压相序变为 L2 - L1 - L3，旋转磁场反转，如图 1 - 52b 逆时针方向，此时转子将以 n_1+n 的相对转速沿原转动方向切割旋转磁场，在转子绕组中产生感应电流，用右手定则判断出其方向，如图 1 - 52b 所示。而转子绕组一旦产生电流，又受到旋转磁场的作用，产生电磁转矩，其方向可用左手定则判断出来。可见，此转矩方向与电动机的转动方向相反，使电动机受制动迅速停转。

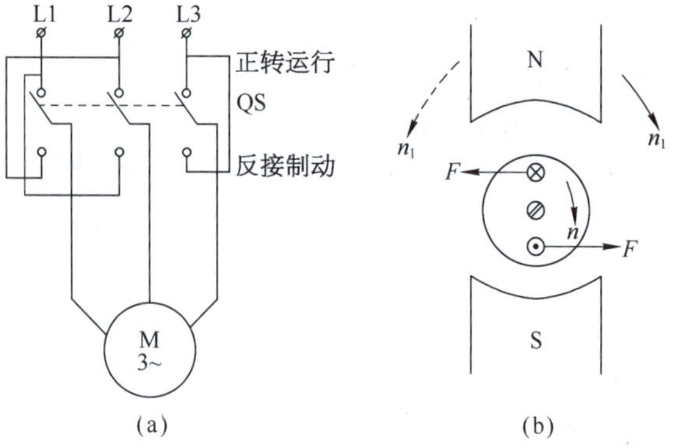

图 1－52　反接制动原理图

当电动机转速接近零值时，应立即切断电动机电源，否则电动机将反转。为此，在反接制动设施中，为保证电动机的转速被制动到接近零值时，能迅速切断电源，防止反向启动，常利用速度继电器来自动地及时切断电源。

单向启动反接制动控制电路如图 1－53 所示，线路的主电路部分和正反转控制线路的主电路相似，只是在反接制动时增加了三个限流电阻 R。线路中 KM1 为正转运行接触器，KM2 为反接制动接触器，KS 为速度继电器，速度继电器 KS 的轴与电动机轴相连(图 1－53 中用点画线表示)。

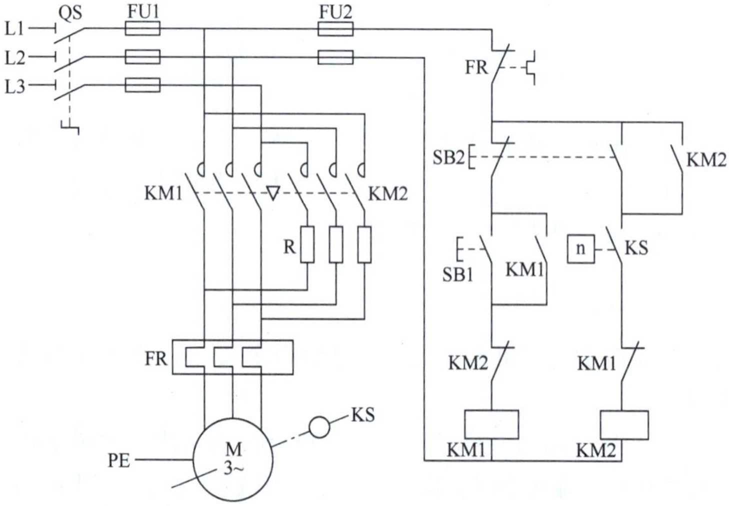

图 1－53　单向启动反接制动控制电路图

单向启动反接制动控制线路工作原理如下：先合上电源开关 QS，单向启动。

按下SB1 → KM1线圈得电 →
- → KM1自锁触头闭合自锁 → 电动机启动运行 →
- → KM1主触头闭合 ↗
- → KM1联锁触头分断对KM2联锁

至电动机转速上升到一定值（150 r/min左右）时 → KS常开触头闭合（为制动做准备）

反接制动：

按下SB2 → SB2常闭触头先分断 → KM1线圈失电 → KM1自锁触头分断解除自锁；KM1主触头分断，电动机失电；KM1联锁触头闭合 →

按下SB2 → SB2常开触头后闭合 →

→ KM2线圈得电 → KM2自锁触头闭合自锁；KM2主触头闭合 → 电动机串接电阻R反接制动 →；KM2联锁触头分断对KM1联锁

至电动机转速下降到一定值（100 r/min左右）时 → KS常开触头分断

→ KM2线圈失电 → KM2自锁触头分断解除自锁；KM2主触头分断 → 电动机失电停转，反接制动结束；KM2联锁触头闭合解除自锁

反接制动时，由于旋转磁场与转子的相对转速(n_1+n)很高，故转子绕组中感应电流很大，致使定子绕组中的电流很大，一般约为电动机额定电流的10倍左右。因此，反接制动适用于10 kW以下小容量电动机的制动，并且对4.5 kW以上的电动机进行反接制动时，需在定子绕组回路中串入限流电阻R，以限制反接制动电流。限流电阻R的大小可参考经验计算公式进行估算。

反接制动的优点是制动力强，制动迅速。缺点是制动准确性差，制动过程中冲击强烈，易损坏传动零件，制动能量消耗大，不宜经常制动。因此，反接制动一般适用于制动要求迅速、系统惯性较大、不经常启动与制动的场合，如铣床、镗床和中型车床等主轴的制动控制。

二、能耗制动

如图1－54a所示能耗制动电路中，断开电源开关QS1，切断电动机的交流电源后，这时转子仍沿原方向惯性运行；随后立即合上开关QS2，并将QS1向下合闸，电动机V、W两相定子绕组中通入直流电，使定子中产生一个恒定的静止磁场，这样做惯性运转的转子因切割磁感线而在转子绕组中产生感应电流，其方向用右手定则判断，如图1－54b所示。转子绕组中一旦产生了感应电流，又立即受到静止磁场的作用，产生电磁转矩，用左手定则判断可知，此转矩的方向正好与电动机的转向相反，使电动机受制动迅速停转。

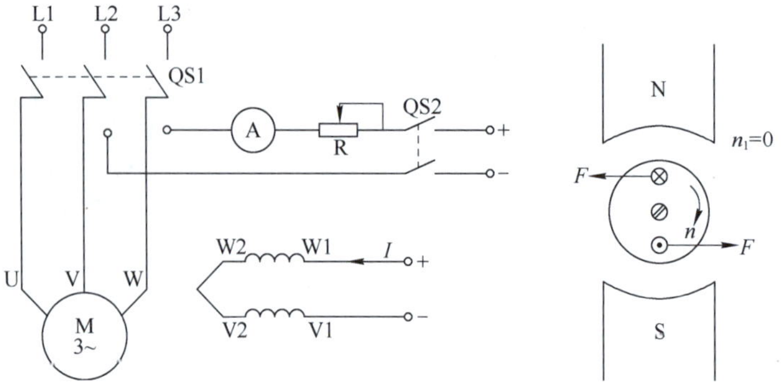

图 1－54　能耗制动原理图

这种制动方法是在电动机切断交流电源后，通过立即在定子绕组的任意两相中通入直流电，以消耗转子惯性运转的动能来进行制动的，所以称为能耗制动，即动能制动。

1. 无变压器单相半波整流能耗制动线路

无变压器单相半波整流能耗制动自动控制线路如图 1－55 所示。线路采用单相半波整流器为直流电源，所用附加设备较少、线路简单、成本低，常用于 10 kW 以下小容量电动机，且对制动要求不高的场合。

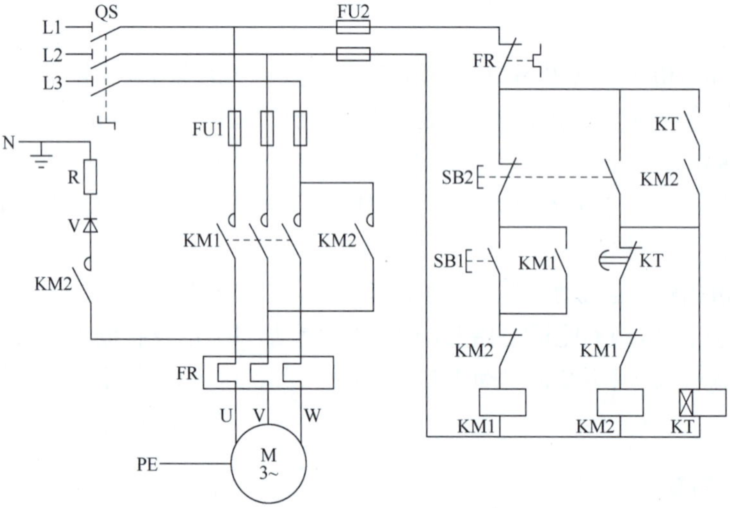

图 1－55　无变压器单相半波整流能耗制动自动控制电路图

无变压器单相半波整流能耗制动线路工作原理：先合上电源开关 QS。

单向启动：

按下SB1 → KM1线圈得电 → KM1自锁触头闭合自锁 → 电动机启动运行
　　　　　　　　　　　　→ KM1主触头闭合 → 电动机启动运行
　　　　　　　　　　　　→ KM1联锁触头分断对KM2联锁

能耗制动：

- 按下SB2
  - → SB2常闭触头先分断 → KM1线圈失电
    - → KM1自锁触头分断解除自锁
    - → KM1主触头分断，电动机失电
    - → KM1联锁触头闭合 →
  - → SB2常开触头后闭合 →
- → KM2线圈得电
  - → KM2联锁触头分断对KM1联锁
  - → KM2主触头闭合 → 电动机接入直流电能耗制动
  - → KM2自锁触头闭合自锁
- → KT线圈得电
  - → KT常开触头瞬时闭合自锁
  - → KT常闭触头延时分断 →
- → KM2线圈失电
  - → KM2联锁触头恢复闭合解除联锁
  - → KM2主触头分断 → 切断直流电源电动机停转，能耗制动结束
  - → KM2自锁触头分断 → KT线圈失电 → KT触头瞬时复位

图 1－55 中时间继电器 KT 瞬时闭合常开触头的作用是，当 KT 出现线圈损坏或机械卡住等故障时，按下 SB2 后能使电动机制动后脱离直流电源。

2. 有变压器单相桥式整流单向启动能耗制动自动控制线路

对于 10 kW 以上容量的电动机，多采用有变压器单相桥式整流能耗制动自动控制线路，如图 1－56 所示。其中直流电源由单相桥式整流器 VC 供给，TC 是整流变压器，电阻 R 用来调节直流电流，从而调节制动强度，整流变压器一次侧与整流器的直流侧同时进行切换，有利于提高触头的使用寿命。

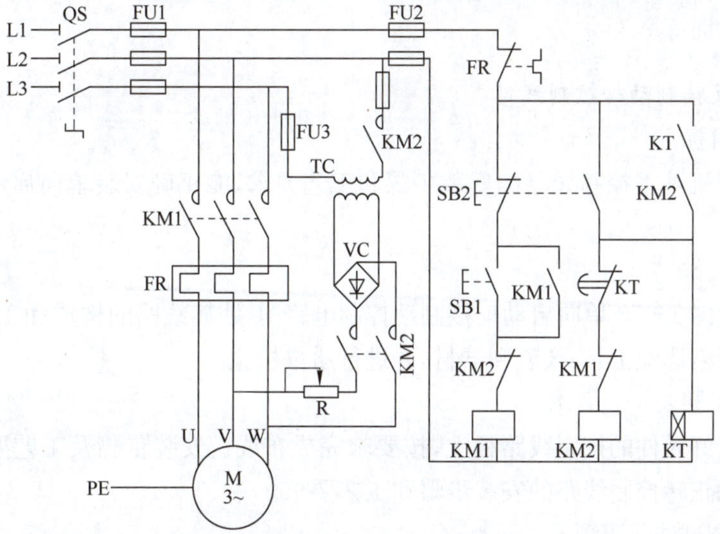

图 1－56　有变压器单相桥式整流能耗制动自动控制电路图

能耗制动的优点是制动准确、平稳，且能量消耗较小。缺点是需要附加直流电源装置，设备费用较高，制动力较弱，在低速时制动力矩小。因此能耗制动一般用于要求制动准确、平稳的场合，如磨床、立式铣床等的控制线路中。

3. 能耗制动所需直流电源

一般用以下方法估算能耗制动所需的直流电源，其具体步骤如下(以常用的单相桥式整流电路为例)：

(1) 测量出电动机三根进线中任意两根之间的电阻 $R(\Omega)$。

(2) 测量出电动机的进线空载电流 $I_0(\mathrm{A})$。

(3) 能耗制动所需的直流电流 $I_L(\mathrm{A})=KI_0$，所需的直流电压 $U_L(\mathrm{V})=I_LR$。其中系数 K 一般取 3.5～4。若考虑到电动机定子绕组的发热情况，并使电动机达到比较满意的制动效果，对转速高、惯性大的传动装置可取其上限。

(4) 单相桥式整流电源变压器二次绕组电压和电流有效值分别为

$$U_2=\frac{U_L}{0.9}(\mathrm{V}) \qquad I_2=\frac{I_L}{0.9}(\mathrm{A})$$

变压器计算容量为 $S=U_2I_2(\mathrm{V\cdot A})$；

如果制动不频繁，可取变压器实际容量为 $S'=\left(\frac{1}{4}\sim\frac{1}{3}\right)S(\mathrm{V\cdot A})$。

(5) 可调电阻 $R\approx 2\,\Omega$，电阻功率 $P_R(\mathrm{W})=I_L^2R$，实际选用对，电阻功率的值也可适当选小一些。

想一想

反接制动和能耗制动有哪些不同点？

三、技能训练

1. 安装反接制动转控制线路

1) 训练目标

熟悉电动机基本控制线路的安装步骤和工艺要求，能正确安装单向启动反接制动控制线路。

2) 准备工作

认真识读图 1-53 单向启动反接制动控制电路图，明确线路的构成和工作原理后，根据电动机的规格选配工具、仪表和器材，并进行质量检验。

3) 安装步骤及工艺要求

在已安装好元件的控制线路板上，按要求完成布线。安装步骤及工艺要求参考模块二任务二点动正转控制线路的安装步骤和工艺要求。

4) 安装调试注意事项

(1) 安装速度继电器前，要弄清楚其结构，辨明常开触头的接线端。

(2) 速度继电器可以预先安装好,不计入定额时间。安装时,采用速度继电器的连接头与电动机转轴直接连接的方法,并使两轴中心线重合。

(3) 通电试车时,若制动不正常,可检查速度继电器是否符合规定要求。若需调节速度继电器的调整螺钉时,必须切断电源,以防止出现相对地短路事故。

(4) 速度继电器动作值和返回值的调整,应先由教师示范后,再由学生自己调整。

(5) 制动操作不宜过于频繁。

(6) 通电试车时,必须有指导教师在现场监护,同时做到安全文明生产。

2. 安装无变压器单相半波整流单向启动能耗制动控制线路

1) 训练目标

熟悉电动机基本控制线路的安装步骤和工艺要求,能正确安装无变压器单相半波整流单向启动能耗制动控制线路。

2) 准备工作

认真识读如图 1－55 所示无变压器单相半波整流单向启动能耗制动控制电路图,明确线路的构成和工作原理后,根据电动机的规格选配工具、仪表和器材,并进行质量检验。

3) 安装步骤及工艺要求

在已安装好元件的控制线路板上,按要求完成布线。安装步骤及工艺要求参考模块二任务二点动正转控制线路的安装步骤和工艺要求。

4) 安装调试注意事项

(1) 时间继电器的整定时间不要调得太长,以免制动时间过长引起定子绕组发热。

(2) 整流二极管要配装散热器和固装散热器支架。

(3) 制动电阻要安装在控制板外面。

(4) 进行制动时,停止按钮 SB2 要按到底。

(5) 通电试车时,必须有指导教师在现场监护,同时要做到安全操作和文明生产。

思考与练习

一、选择题(选择正确的答案,将相应的字母填入题内的括号中)

1. 能耗制动是在电动机切断三相电源同时,把(　　),使电动机迅速地停下来。

   A. 电动机定子绕组的两相电源线对调

   B. 交流电源通入定子绕组

   C. 直流电源通入转子绕组

   D. 直流电源通入定子绕组

2. 反接制动是在电动机需要停车时,采用(　　),使电动机迅速地停下来。

   A. 对调电动机定子绕组的两相电源线

   B. 对调电动机转子绕组的两相电源线

   C. 直流电源通入转子绕组

   D. 直流电源通入定子绕组

二、问答题

1. 什么叫制动？制动的方法有哪两类？
2. 什么叫机械制动？常用的机械制动有哪两种？
3. 什么叫电力制动？常用的电力制动方法有哪两种？比较说明两种制动方法的主要不同点。
4. 图 1－57 所示为有变压器桥式整流单向启动能耗制动控制线路的电路图。试分析线路哪些地方画错了，请改正后叙述其工作原理。

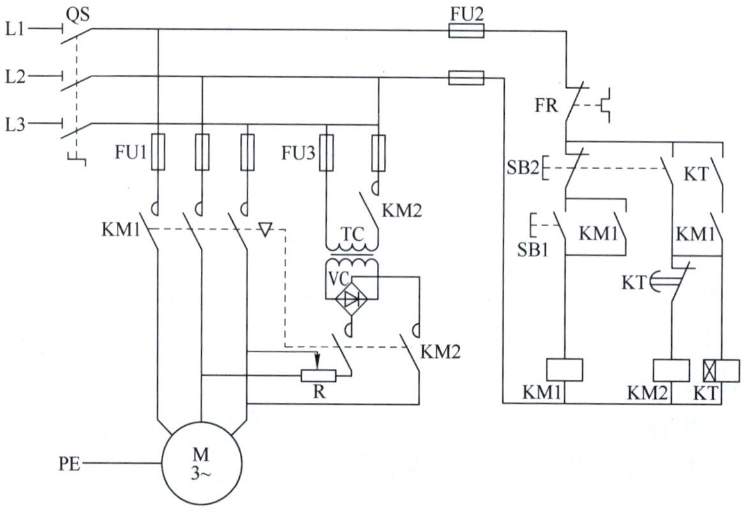

图 1－57　问答题第 4 题图

模块七　三相异步电动机的调速控制线路

有些生产设备在运行时速度需要调整，如何满足生产机械的调速需求呢？这就需要对电动机实施调速控制。

由三相异步电动机的转速公式 $n=(1-s)\dfrac{60f_1}{p}$ 可知，改变异步电动机转速可通过三种方法来实现：一是改变电源频率 f_1；二是改变转差率 s；三是改变磁极对数 p。

改变异步电动机的磁极对数调速称为变极调速。变极调速是通过改变定子绕组的连接方式来实现的，它不仅是有级调速，而且只适用于笼型异步电动机。磁极对数可改变的电动机称为多速电动机。常见的多速电动机有双速、三速和四速等几种类型，本模块只介绍双速和三速异步电动机的控制线路。

任务一　双速异步电动机控制线路

一、双速异步电动机定子绕组的连接

双速异步电动机定子绕组△/YY的连接如图 1-58 所示。图中，三相定子绕组接成三角形，由三个连接点接出三个出线端 U1、V1、W1，从每相绕组的中点各接出一个出线端

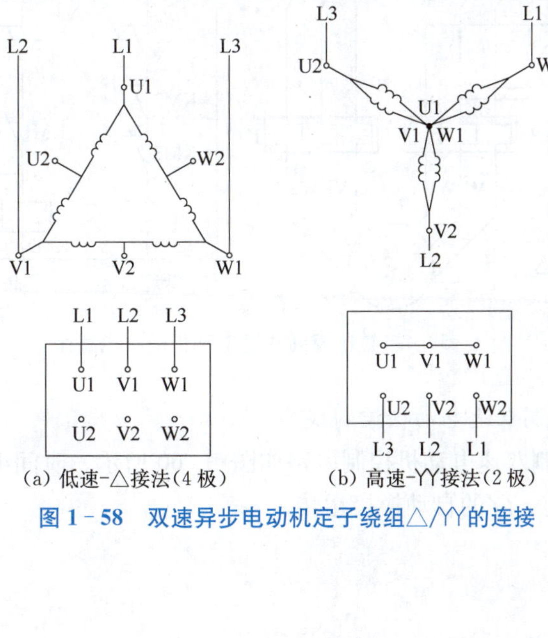

图 1-58　双速异步电动机定子绕组△/YY的连接

U2、V2、W2，这样定子绕组共有六个出线端。通过改变这六个出线端与电源的连接方式，就可以得到两种不同的转速。

电动机低速工作时，把三相电源分别接在出线端 U1、V1、W1 上，另外三个出线端 U2、V2、W2 空着不接，如图 1－58a 所示，此时电动机定子绕组接成三角形，磁极为 4 极，同步转速为 1 500 r/min。

电动机高速工作时，要把三个出线端 U1、V1、W1 并接在一起，三相电源分别接到另外三个出线端 U2、V2、W2 上，如图 1－58b 所示，这时电动机定子绕组接成YY形，磁极为 2 极，同步转速为 3 000 r/min。可见，双速电动机高速运转时的转速是低速运转转速的两倍。

值得注意的是，双速电动机定子绕组从一种接法改变为另一种接法时，必须把电源相序反接，以保证电动机的旋转方向不变。

二、双速电动机的控制线路

1. 接触器控制双速电动机控制线路

接触器控制双速电动机控制线路如图 1－59 所示，读者可以自行分析控制电路工作原理。

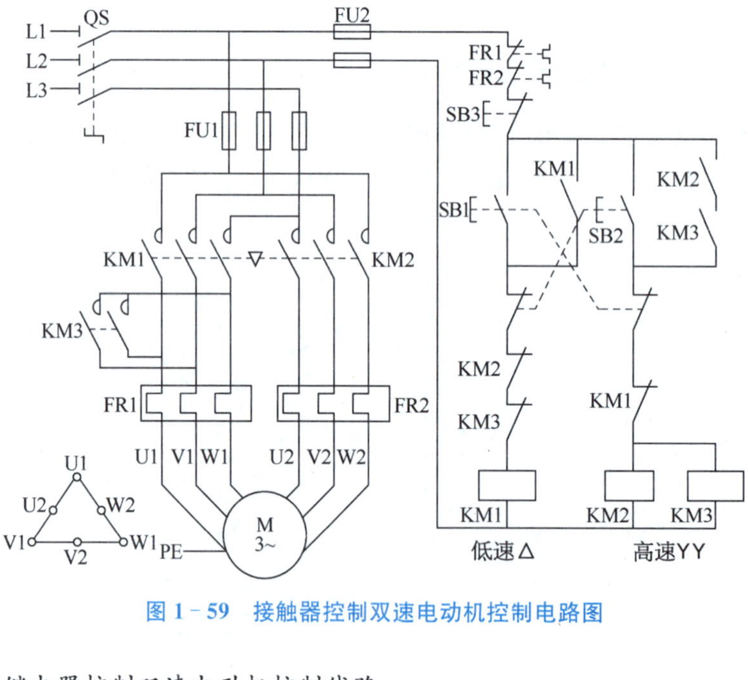

图 1－59　接触器控制双速电动机控制电路图

2. 时间继电器控制双速电动机控制线路

用时间继电器控制双速电动机控制电路如图 1－60 所示。时间继电器 KT 控制电动机三角形启动时间和△-YY的自动换接运转。

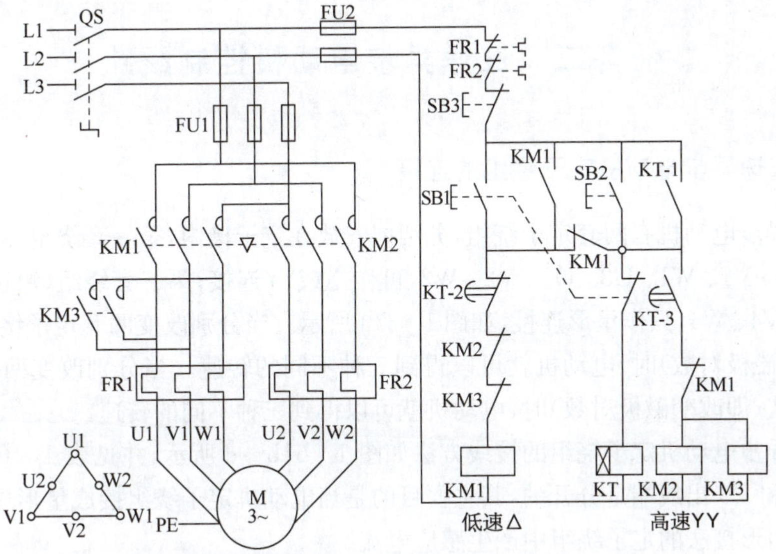

图 1-60　时间继电器控制双速电动机控制电路图

时间继电器控制双速电动机控制线路工作原理：先合上电源开关 QS。

△低速启动运转：

按下SB1 → SB1常闭触头先分断
　　　　→ SB1常开触头后闭合 → KM1线圈得电 → KM1自锁触头闭合自锁
　　　　　　　　　　　　　　　　　　　　→ KM1主触头闭合 →
　　　　　　　　　　　　　　　　　　　　→ KM1两对辅助常闭触头分断对KM2、KM3联锁

→ 电动机M接成△高速运转

YY 高速运转：

按下SB2 → KT线圈得电 → KT-1常开触头瞬时闭合自锁 —经KT整定时间→

→ KT-2先分断 → KM1线圈失电 → KM1 常开触头均分断
　　　　　　　　　　　　　　→ KM1 常闭触头恢复闭合 →
→ KT-3后闭合

KM2、KM3线圈得电 → KM2、KM3主触头闭合 → 电动机M接成YY高速运转
　　　　　　　　　→ KM2、KM3联锁

停止：按下SB3即可。若电动机只需高速运转时，可直接按下SB2，则电动机△低速启动后，YY高速运转。

任务二　三速异步电动机控制线路

一、三速异步电动机定子绕组的连接

三速异步电动机有两套定子绕组，分两层安放在定子槽内，第一套绕组（双速）有七个出线端 U1、V1、W1、U3、U2、V2、W2，可作△或YY连接；第二套绕组（单速）有三个出线端 U4、V4、W4，只作星形连接，如图 1 - 61a 所示。当分别改变两套定子绕组的连接方式（即改变磁极对数）时，电动机就可以得到三种不同的转速。当分别改变两套定子绕组的连接方式（即改变磁极对数）时，电动机就可以得到三种不同的转速。

三速异步电动机定子绕组的接线方法如图 1 - 61b～d 所示，并见表 1 - 1。图中可以看出，W1 和 U3 出线端是分开的，其主要目的是当电动机定子绕组接成星形中速运转时，避免在三角形接法的定子绕组中产生感应电流。

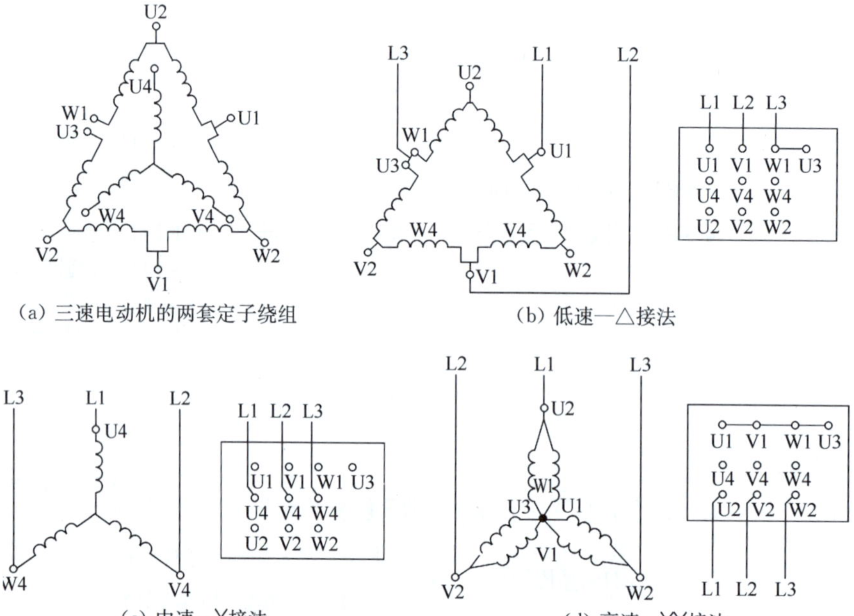

(a) 三速电动机的两套定子绕组　(b) 低速—△接法

(c) 中速—Y接法　(d) 高速—YY接法

图 1 - 61　三速异步电动机定子绕组接线图

表 1 - 1　三速异步电动机定子绕组的接线方法

转速	电源接线			并头	连接方式
	L1	L2	L3		
低速	U1	V1	W1	U3、W1	△
中速	U4	V4	W4	/	Y
高速	U2	V2	W2	U1、V1、W1、U3	YY

二、时间继电器控制三速电动机的控制线路

用时间继电器控制三速电动机电路如图 1－62 所示。其中 SB1、KM1 控制电动机三角形接法下低速启动运转；SB2、KT1、KM2 控制电动机从三角形接法下低速启动到星形接法下中速运转的自动变换；SB3、KT1、KT2、KM3 控制电动机从三角形接法下低速启动到星形中速过渡到YY接法下高速运转的自动变换。工作原理读者可以自行分析，这里不再讲述。

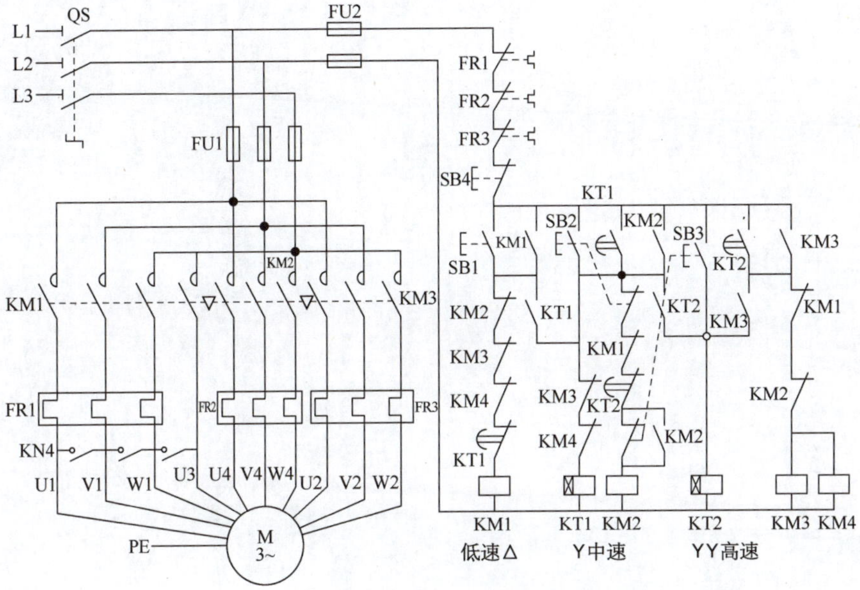

图 1－62　时间继电器控制三速电动机电路图

思考与练习

一、选择题（选择正确的答案，将相应的字母填入题内的括号中）

1. 异步电动机的变转差率调速方法有转子回路串电阻调速、调压调速和(　　)。
   A. 变相调速　　B. 变流调速
   C. 串级调速　　D. 串电容调速
2. 异步电动机转子回路串电阻调速属于(　　)。
   A. 变转差率调速　　B. 变流调速
   C. 变极调速　　D. 变频调速
3. 采用Y/YY接法的双速电动机调速属于(　　)。
   A. 恒压调速　　B. 恒功率调速
   C. 恒转矩调速　　D. 恒流调速
4. 双速电动机的变极调速方法有(　　)。

A. 改变电源频率 f　　B. 改变转差率 S
C. 改变定子绕组电压　　D. 改变定子绕组接线方式Y/YY

二、问答题

1. 三相异步电动机的调速方法有哪三种?
2. 笼型异步电动机的变极调速是如何实现的?

模块八　三相绕线式转子异步电动机的启动控制线路

前面已经学习了三相笼型异步电动机的降压启动控制，绕线式转子异步电动机的启动方法与笼型异步电动机的启动方法不同，模块八主要讲述绕线式转子异步电动机转子绕组串电阻和频敏变阻器的启动方法。

任务一　转子绕组串接电阻控制线路

图 1-63 所示绕线转子三相异步电动机的外形和符号，它可以通过滑环在转子绕组中串接电阻来改善电动机的机械特性，从而达到减小启动电流、增大启动转矩以及调节转速的目的。在要求启动转矩较大且有一定调速要求的场合，如起重机、卷扬机等，常常采用三相绕线转子异步电动机拖动。绕线转子异步电动机常用的控制线路有转子绕组串接电阻启动控制线路、转子绕组串接频敏变阻器启动控制线路和凸轮控制器控制线路。

(a) YR 系列

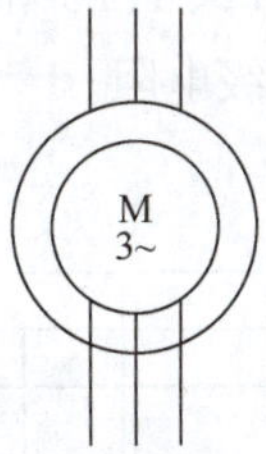

(b) 符号

图 1-63　绕线转子三相异步电动机

一、转子绕组串接电阻启动控制线路

转子串接三相电阻启动控制线路如图 1-64 所示。启动时，在转子回路串入作星形连接、分级切换的三相启动电阻器，以减小启动电流、增加启动转矩。随着电动机转速的升高，逐级减小可变电阻。启动完毕后，切除可变电阻器，转子绕组被直接短接，使电动机在额定状态下运行。

电动机转子绕组中串接的外加电阻在每段切除前和切除后，三相电阻始终是对称的，称为三相对称电阻，如图 1-64a 所示。启动过程依次切除 R1、R2、R3，最后全部电阻被切除。

若启动时串入的全部三相电阻是不对称的，且每段切除后三相仍不对称，则称为三相

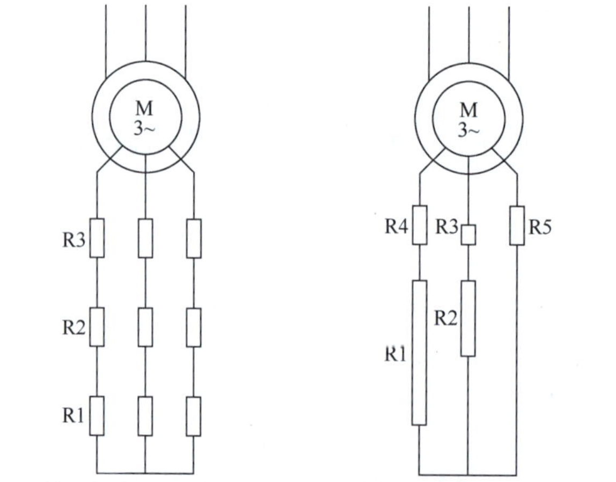

(a) 转子串接三相对称电阻　　(b) 转子串接三相不对称电阻

图 1-64　转子串接三相电阻启动控制电路图

不对称电阻，如图 1-64b 所示。启动过程依次切除 R1、R2、R3、R4、R5，最后全部电阻被切除。

二、时间继电器自动控制线路

时间继电器自动控制短接启动电阻的控制线路，如图 1-65 所示。该线路利用三个时间继电器 KT1、KT2、KT3 和三个接触器 KM1、KM2、KM3 的相互配合来依次自动切除转子绕组中的三级电阻。

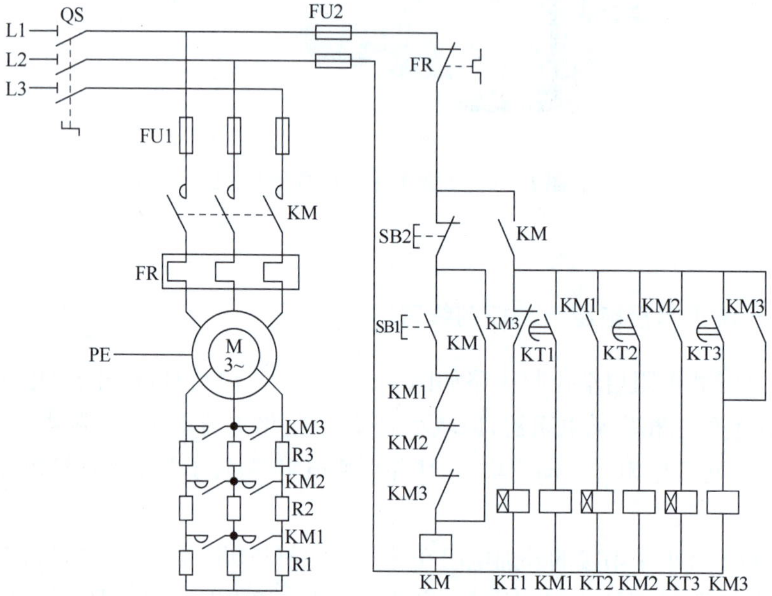

图 1-65　时间继电器自动控制短接启动电阻的控制电路图

时间继电器自动控制线路工作原理：合上电源开关 QS。

按下SB1 → KM线圈得电 →
- → KM自锁触头闭合自锁 → 电动机M串接全部电阻启动
- → KM主触头闭合 → 电动机M串接全部电阻启动
- → KM辅助常开触头闭合 → KT1线圈得电 →

经KT1整定时间 → KT1常开触头闭合 → KM1线圈得电 →
- → KM1主触头闭合，切除第一组电阻R1，电动机串接R2、R3两组电阻继续启动
- → KM1辅助常开触头闭合 →
- → KM1辅助常闭触头分断

KT2线圈得电 经KT2整定时间 → KT2常开触头闭合 → KM2线圈得电 →
- → KM2主触头闭合，切除第二组电阻R2，电动机串接第三组电阻R3继续启动
- → KM2辅助常开触头闭合 →
- → KM2辅助常闭触头分断

→ KT3线圈得电 经KT3整定时间 → KT3常开触头闭合 → KM3线圈得电 →
- → KM3自锁触头闭合自锁
- → KM3主触头闭合，切除第三组电阻R3，电动机M启动结束，正常运转
- → KM3辅助常闭触头分断 → KT1、KM1、KT2、KM2、KT3依次断电释放，触头复位
- → KM3辅助常闭触头分断

为保证电动机只有在转子绕组串入全部外加电阻的条件下才能启动，将接触器 KM1、KM2、KM3 的辅助常闭触头与启动按钮 SB1 串接，这样，如果接触器 KM1、KM2、KM3 中的任何一个因触头熔焊或机械故障而不能正常释放时，即使按下启动按钮 SB1，控制电路也不会得电，电动机就不会接通电源启动运转。

停止时，按下 SB2 即可。

该线路的特点是利用三个时间继电器 KT1、KT2、KT3 和三个接触器 KM1、KM2、KM3 的相互配合来依次自动切除转子绕组中的三级电阻。

三、电流继电器自动控制线路

绕线转子异步电动机刚启动时转子电流较大，随着电动机转速的增大，转子电流逐渐减小，根据这一特性，可以利用电流继电器自动控制接触器来逐级切除转子回路的电阻。电流继电器自动控制线路如图 1－66 所示。三个过电流继电器 KA1、KA2 和 KA3 的线圈串接在转子回路中，它们的吸合电流都一样，但释放电流不同，KA1 最大，KA2 次之，KA3 最小，从而能根据转子电流的变化，控制接触器 KM1、KM2、KM3 依次动作，逐级切除启动电阻。

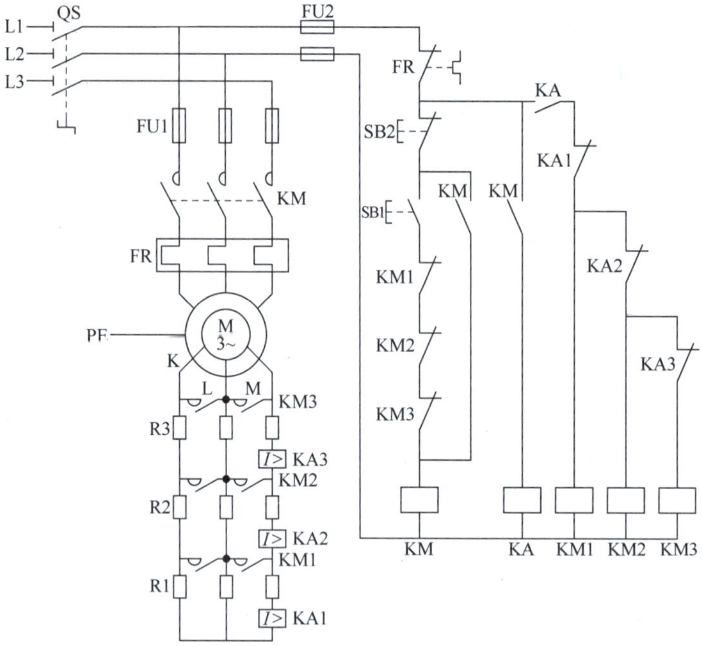

图 1－66　电流继电器自动控制电路图

电流继电器自动控制线路工作原理：合上电源开关 QS。

按下SB1 → KM线圈得电 → KM主触头闭合 ← → 电动机M串接全部电阻启动

→ KM自锁触头闭合

→ KM辅助常开触头闭合 → KA线圈得电 →

KA常开触头闭合，为KM1、KM2、KM3得电做准备

由于电动机 M 启动时转子电流较大，三个过电流继电器 KA1、KA2 和 KA3 均吸合，它们接在控制电路中的常闭触头均断开，使接触器 KM1、KM2、KM3 的线圈都不能得电，接在转子电路中的常开触头都处于断开状态，启动电阻被全部串接在转子绕组中。随着电动机转速的升高，转子电流逐渐减小，当减小至 KA1 的释放电流时，KA1 首先释放，其常闭触头恢复闭合，接触器 KM1 得电，主触头闭合，切除第一组电阻 R1。当 R1 被切除后，转子电流重新增大，但随着电动机转速的继续升高，转子电流又会减小，待减小至 KA2 的释放电流时，KA2 释放，接触器 KM2 动作，切除第二组电阻 R2，如此继续下去，直至全部电阻被切除，电动机启动完毕，进入正常运转状态。

中间继电器 KA 的作用是保证电动机在转子电路中接入全部电阻的情况下开始启动。因为电动机开始启动时，转子电流从零增大到最大值需要一定的时间，这样有可能电流继电器 KA1、KA2 和 KA3 还未动作，接触器 KM1、KM2、KM3 就已经吸合而把电阻 R1、R2、R3 短接，造成电动机直接启动。接入 KA 后，启动时由 KA 的常开触头断开 KM1、KM2、KM3 线圈的通电回路，保证了启动时转子回路串入全部电阻。

任务二　转子绕组串接频敏变阻器启动控制线路

绕线转子异步电动机采用转子绕组串电阻的方法启动，要想获得良好的启动特性，一般需要将启动电阻分为多级，这样所用的电器较多，控制线路复杂，设备投资大，维修不便，并且在逐级切除电阻的过程中，会产生一定的机械冲击。因此，在工矿企业中对于不频繁启动的设备，广泛采用频敏变阻器代替启动电阻来控制绕线转子异步电动机的启动。

一、频敏变阻器

频敏变阻器是一种阻抗值随频率明显变化、静止的无触点电磁元件。它实质上是一个铁心损耗非常大的三相电抗器。在电动机启动时，将频敏变阻器串接在转子绕组中，由于频敏变阻器的等效阻抗随转子电流频率的减小而减小，从而达到自动变阻的目的。因此，只需用一级频敏变阻器就可以平稳地把电动机启动起来。启动完毕短接切除频敏变阻器。

用频敏变阻器启动绕线转子异步电动机的优点是启动性能好，无电流和机械冲击，结构简单，价格低廉，使用维护方便。但由于功率因数较低，启动转矩较小，一般不宜用于重载启动的场合。常用的频敏变阻器有 BP1、BP2、BP3、BP4 和 BP6 等系列，图 1-67 是频敏变阻器外形和符号。

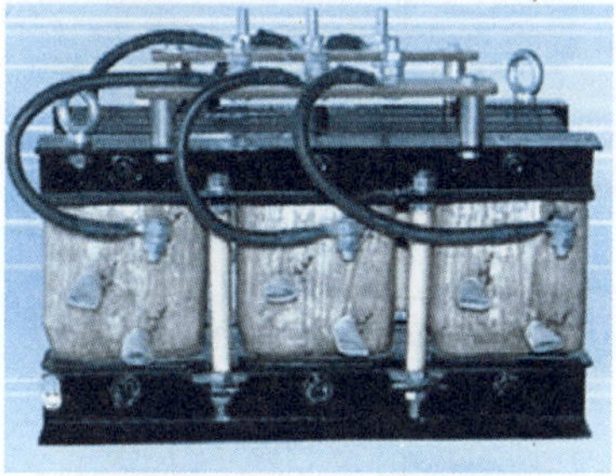

(a) BP1 系列外形

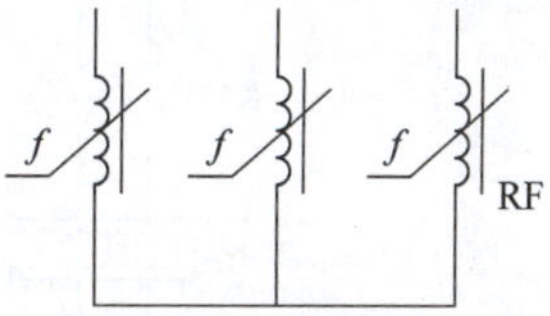

(b) 符号

图 1-67　频敏变阻器

频敏变阻器主要由铁心和绕组两部分组成。它的上、下铁心用四根拉紧螺栓固定，拧开螺栓上的螺母，可以在上下铁心之间增减非磁性垫片，以调整空气隙长度。出厂时上下铁心间的空气隙为零。

频敏变阻器的绕组备有四个抽头，一个抽头在绕组背面，标号为 N；另外三个抽头在绕组的正面，标号分别为 1、2、3。抽头 1～N 之间为 100%匝数，2～N 之间为 85%匝数，3～N 之间为 71%匝数。出厂时三组线圈均接在 85%匝数抽头处，并接成星形。

频敏变阻器的系列应根据电动机所拖动生产机械的启动负载特性和操作频繁程度来选择，再按电动机功率选择其规格。在安装和使用时，频敏变阻器应牢固地固定在基座上，当基座为铁磁物质时应在中间垫放 10 mm 以上的非磁性垫片，以防影响频敏变阻器的特性。

连接线应按电动机转子额定电流选用相应截面的电缆线。同时频敏变阻器还应可靠接地。

在使用前，应先测量频敏变阻器对地绝缘电阻，其值应不小于 1 MQ，否则须先进行烘干处理后方可使用。使用时，若发现启动转矩或启动电流过大或过小，应按下述方法调整频敏变阻器的匝数和气隙。

(1) 启动电流和启动转矩过大、启动过快时，应换接抽头，使匝数增加，以减小启动电流和启动转矩。

(2) 启动电流和启动转矩过小、启动太慢时，应换接抽头，使匝数减少，以增大启动电流和启动转矩。

(3) 如果刚启动时，启动转矩偏大，有机械冲击现象，而启动完毕后，稳定转速又偏低，这时可在上下铁心间增加气隙。可拧开变阻器两面上的四个拉紧螺栓的螺母，在上、下铁心之间增加非磁性垫片。增加气隙可使启动电流略微增加，启动转矩稍有减小，而启动完毕时的转矩稍有增大，从而使稳定转速得以提高。

二、转子绕组串接频敏变阻器启动控制线路

转子绕组串接频敏变阻器启动控制线路如图 1－68 所示。

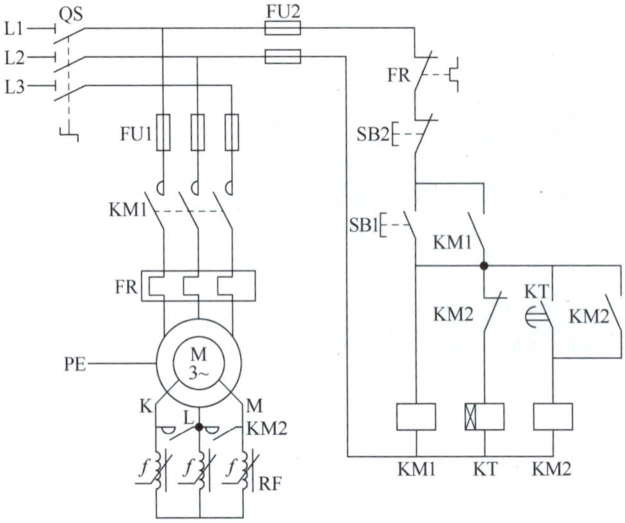

图 1－68　转子绕组串接频敏变阻器启动控制电路图

转子绕组串接频敏变阻器启动控制线路工作原理：合上电源开关 QS。

→ KM2自锁触头闭合自锁
→ KM2主触头闭合 → 短接切除频敏变阻器RF，M启动结束，正常运行
→ KM2辅助常闭触头分断 → KT线圈失电 → KT触头瞬时复位

停止时，按下SB2。

思考与练习

一、选择题（选择正确的答案，将相应的字母填入题内的括号中）

1. 用时间继电器控制绕线式电动机的三级启动线路中，需用（　　）时间继电器。
   A. 1个　　B. 2个　　C. 3个　　D. 4个
2. 绕线转子异步电动机转子绕组串接电阻启动控制线路中，与启动按钮串联的接触器常闭触点的作用是（　　）。
   A. 保证转子绕组中接入全部电阻启动
   B. 实现启动和停止联锁
   C. 实现电动机停止控制
   D. 实现电动机正常运行控制
3. 绕线转子异步电动机转子绕组转串接频敏变阻器启动，当启动电流过小，启动太慢时，应（　　）。
   A. 换接抽头，使频敏变阻器匝数增加
   B. 换接抽头，使频敏变阻器匝数减小
   C. 减小频敏变阻器气隙
   D. 增加频敏变阻器电阻值
4. 在频敏变阻器使用中，频敏变阻器调整方法有调整（　　）。
   A. 频敏变阻器电阻值
   B. 频敏变阻器匝数
   C. 频敏变阻器气隙
   D. 频敏变阻器匝数和气隙

二、问答题

1. 绕线转子异步电动机有哪些主要特点，适用于什么场合？
2. 请描述绕线转子异步电动机的启动方法。

项目二 CA6140普通车床电路检修

项目概述

生产设备在运行的过程中会产生故障，致使设备不能正常工作，不但影响生产效率，严重时还会造成人身或设备事故。因此，电气设备发生故障后，维修人员必须及时、熟练、准确、迅速、安全地查出故障并加以排除，尽快恢复其正常运行。

项目二首先介绍了工业机械电气设备维修的一般要求和方法，在学会电气故障检修的步骤和方法后，以CA6140普通车床为例，通过一些典型的故障点，进行电气故障排除的技能训练。

项目实施

任务一　电气故障检修的要求和方法

一、对工业机械电气设备维修的一般要求

对工业机械电气设备维修的一般要求如下：

(1) 采取的维修步骤和方法必须正确，切实可行。

(2) 不可损坏完好的电器元件。

(3) 不可随意更换电器元件及连接导线的型号规格。

(4) 不可擅自改动线路。

(5) 损坏的电气装置应尽量修复使用，但不能降低其固有性能。

(6) 电气设备的各种保护性能必须满足使用要求。

(7) 绝缘电阻合格，通电试车能满足电路的各种功能，控制环节的动作程序符合要求。

(8) 修理后的电器装置必须满足其质量标准要求。电器装置的检修质量标准如下：

① 外观整洁，无破损和炭化现象。

② 所有的触头均应完整、光洁、接触良好。

③ 压力弹簧和反作用力弹簧应具有足够的弹力。

④ 操纵、复位机构都必须灵活可靠。

⑤ 各种衔铁运动灵活，无卡阻现象。

⑥ 灭弧罩完整、清洁、安装牢固。

⑦ 整定数值大小应符合电路使用要求。

⑧ 指示装置能正常发出信号。

二、电气设备的维修

电气设备的维修包括日常维护保养和故障检修两方面。

1. 电气设备的日常维护保养

电气设备在运行过程中出现的故障，有些是由于操作使用不当、安装不合理或维修不正确等人为因素造成的，称为人为故障；另一些则是由于电气设备在运行时过载、机械振动、电弧的烧损、长期动作的自然磨损、周围环境温度和湿度的影响、金属屑和油污等有害介质的侵蚀以及电器元件的自身质量问题或使用寿命等原因而产生的，称为自然故障。显然，如果加强对电气设备的日常检查、维护和保养，及时发现一些非正常因素，并给予及时地修复或更换处理，就可以将故障消灭在萌芽状态，防患于未然，使电气设备少出甚至不出故障，以保证工业机械的正常运行。

电气设备的日常维护保养包括电动机和控制设备的日常维护保养。这里只介绍控制设备的日常维护保养知识。

1）控制设备的日常维护保养

其主要内容包括以下几方面：

（1）电气柜（配电箱）的门、盖、锁及门框周边的耐油密封垫均应良好。门、盖应关闭严密，柜内应保持清洁，不得有水滴、油污和金属屑等进入电气柜内，以免损坏电器造成事故。

（2）操纵台上的所有操纵按钮、主令开关的手柄、信号灯及仪表护罩都应保持清洁完好。

（3）检查接触器、继电器等电器的触头系统吸合是否良好、有无噪声、卡住或迟滞现象，触头接触面有无烧蚀、毛刺或穴坑；电磁线圈是否过热；各种弹簧弹力是否适当；灭弧装置是否完好无损等。

（4）试验门开关能否起保护作用。

（5）检查各电器的操作机构是否灵活可靠，有关整定值是否符合要求。

（6）检查各线路接头与端子板的连接是否牢靠，各部件之间的连接导线、电缆或保护导线的软管，不得被冷却液、油污等腐蚀，管接头处不得产生脱落或散头等现象。

（7）检查电气柜（配电箱）及导线通道的散热情况是否良好。

（8）检查各类指示信号装置和照明装置是否完好。

（9）检查电气设备和生产机械上所有裸露导体件是否接到保护接地专用端子上，是否达到了保护电路连续性要求。

2）电气设备的维护保养周期

对设置在电气柜（配电箱）内的电器元件，一般不需经常进行开门监护，主要靠定期的维护保养来实现电气设备较长时间的安全稳定运行。其维护保养周期应根据电气设备的构造、使用情况及环境条件等来确定。一般可配合生产机械的一、二级保养同时进行其电气设备的维护保养工作。电气设备的维护保养周期及内容见表 2-1。

表 2-1　电气设备的维护保养周期及内容

保养级别	保养周期	机床作业时间	电气设备保养内容
一级保养	1 个季度左右	6～12 h	① 清扫配电箱内的积灰异物 ② 修复或更换即将损坏的电器元件 ③ 整理内部接线，使之整齐美观。特别是在平时应急修理处，应尽量复原成正规状态 ④ 紧固熔断器的可动部分，使之接触良好 ⑤ 紧固接线端子和电器元件上的压线螺钉，使所有压接线头牢固可靠，以减小接触电阻 ⑥ 对电动机进行小修和中修检查 ⑦ 通电试车，使电器元件的动作程序正确可靠
二级保养	1 年左右	3～6 d	① 机床一级保养时，对机床电器所进行的各项维护保养工作 ② 检修动作频繁且电流较大的接触器、继电器触头 ③ 检修有明显噪声的接触器和继电器 ④ 校验热继电器，看其是否能正常工作，校验结果应符合热继电器的动作特性 ⑤ 校验时间继电器，看其延时时间是否符合要求

2. 电气故障检修的一般步骤和方法

维修电工除了掌握日常维护保养技术外，还必须在电气故障发生后能够采用正确的检修步骤和方法，找出故障点并排除故障。

1）电气故障检修的一般步骤

电气故障检修的一般步骤如图 2－1 所示。

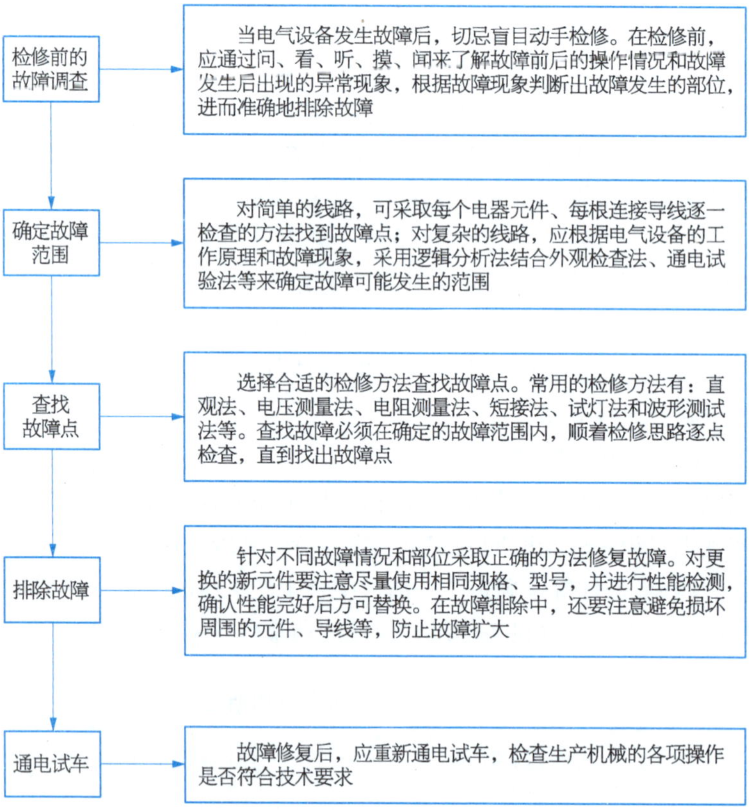

图 2－1　电气故障检修的一般步骤

检修前应从问、看、听、摸四个方面进行故障的调查。

（1）问。询问操作者故障前后电路的运行状况及故障发生后的症状，如设备是否有异常的响声、冒烟和火花等；故障发生前有无切削力过大和频繁地启动、停止和制动等情况；有无经过保养检修或改动线路等。

（2）看。观察故障发生后是否有明显的外观征兆，如各种信号的指示情况、有指示装置的熔断器的情况、保护电器是否脱扣动作、接线是否脱落、触头是否烧蚀或熔焊和线圈有无过热烧毁等。

（3）听。在线路还能运行和不扩大故障范围、不损坏设备的前提下，通电试车，细听电动机、接触器和继电器等电器的声音是否正常。

（4）摸。在刚切断电源后，尽快触摸检查电动机、变压器、电磁线圈及熔断器等，看是否有过热现象。

2）查找故障点的常用方法

检修过程的重点是判断故障范围和确定故障点，查找故障点的常用方法是测量法。测量法是用来准确确定故障点的一种检查方法。常用的测量工具和仪表有校验灯、测电笔、万用表、钳形电流表和兆欧表等。通过对电路进行带电或者断电时的有关参数如电压、电阻、电流测量，来判断电器元件的好坏、设备的绝缘情况以及线路的通断情况等。

用测量法检查故障点时，一定要保证测量工具和仪表完好，使用方法正确，还要注意防止感应电、回路电及其他并联支路的影响，以免产生误判断。常用的电压测量法和电阻测量法已在本书项目一中介绍过，下面介绍短接法。

短接法是用一根绝缘良好的导线，把所怀疑的断路部位短接，如短接过程中电路被接通，就说明该处断路。这种方法是检查线路断路故障的一种简便、可靠的方法。

(1) 局部短接法。用局部短接法检查故障如图 2－2 所示。按下启动按钮 SB2，若 KM1 不吸合，说明电路有故障。检查前，先用万用表测量 1-0 两点间的电压，若电压正常，可按下 SB2 不放，然后用一根绝缘良好的导线分别短接标号相邻的两点 1－2、2－3、3－4、4－5、5－6(注意绝对不能短接 6－0 两点，否则会造成电源短路)，当短接到某两点时，接触器 KM1 动作，即说明故障点在该两点之间，见表 2－2。

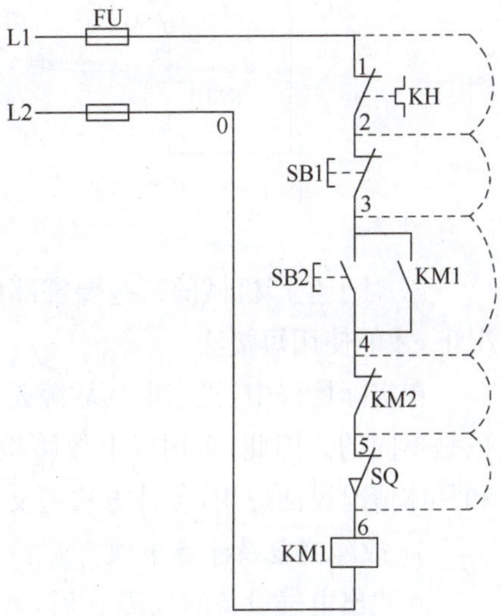

图 2－2 局部短接法

表 2－2 用局部短接法查找故障点

故障现象	测试状态	短接点标号	电路状态	故障点
按下 SB2，KM1 不吸合	按下 SB2 不放	1－2	KM1 吸合	KH 常开触点接触不良或误动作
		2－3	KM1 吸合	SB1 触头接触不良
		3－4	KM1 吸合	SB2 触头接触不良
		4－5	KM1 吸合	KM2 常闭触头接触不良
		5－6	KM1 吸合	SQ 触头接触不良

(2) 长短接法。长短接法是一次短接两个或两个以上触头来检查线路断路故障的方法，用长短接法检查故障，如图 2－3 所示。

在图 2－3 所示电路中，当 FR 的常闭触头和 SB1 的常闭触头同时接触不良时，若用局部短接法短接 1－2 点，按下 SB2，KM1 仍不能吸合，则可能造成判断错误。而用长短接法将 1－6 两点短接，如果 KM1 吸合，则说明 1－6 这段电路上有断路故障，然后再用局

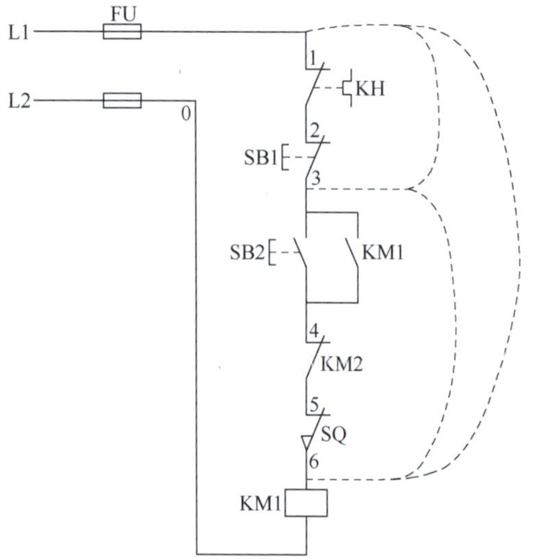

图 2-3　长短接法

部短接法逐段找出故障点。

长短接法的另一个作用是可把故障范围缩小到一个较小的范围。例如，第一次先短接 3-6 两点，如果 KM1 不吸合，再短接 1-3 两点，KM1 吸合，说明故障在 1～3 范围内。可见，长短接法和局部短接法结合使用，很快就能找出故障点。

（3）短接法检测故障注意事项。

① 用短接法检测时，是用手拿着绝缘导线带电操作，所以一定要注意用电安全。

② 短接法一般只适用检查控制电路，不能在主电路中使用，且绝对不能短接负载，或压降较大的电器，如电阻、线圈和绕组等的断路故障，否则将发生短路现象。

③ 对于生产机械的某些要害部位，必须保证电气设备或机械部件不会出现事故的情况下，才能使用短接法。

在实际检修中，机床电气故障是多样的，就是同一种故障现象，发生故障的部位往往也是不同的。因此，采用以上故障检修步骤和方法时，不要生搬硬套，而应根据故障性质和具体情况灵活应用，各种方法可交叉使用，力求迅速、准确地找出故障点。

3）故障修复及注意事项

查找出电气设备的故障点后，就要着手进行修复、试运行和记录等，然后交付使用。在此过程中应注意以下几点：

（1）在找出故障点和修复故障时，应注意不要把找出故障点作为寻找故障的终点，还必须进一步分析查明产生故障的根本原因，避免类似故障再次发生；

（2）在故障的修复过程中，一般情况下应尽量复原；

（3）每次修复故障后，应及时总结经验，并做好维修记录，作为档案以备日后维修时参考。

想一想

局部短接法与长短接法有何不同?

任务二　熟悉 CA6140 普通车床

车床是一种广泛使用的金属切削机床，能够车削外圆、内圆、端面、螺纹、切断及割槽等，并可以装上钻头或铰刀进行钻孔和铰孔等加工。CA6140 普通车床属中小型车床，它电气控制要求不高。主轴拖动电动机为三相鼠笼式异步电动机，主轴调速主要由主轴变速箱完成，进给运动是刀架带动刀具的直线运动，由于加工时温度升得很高，可用一台冷却泵电动机输送冷却液。

一、CA6140 普通车床主要结构

CA6140 型普通车床具有性能稳定、结构先进、操作方便和外形美观等优点。CA6140 普通卧式车床外形及其结构如图 2－4 所示，主要由床身、主轴箱、进给箱、溜板箱、刀架、卡盘、尾架、光杠和丝杠等部分组成。

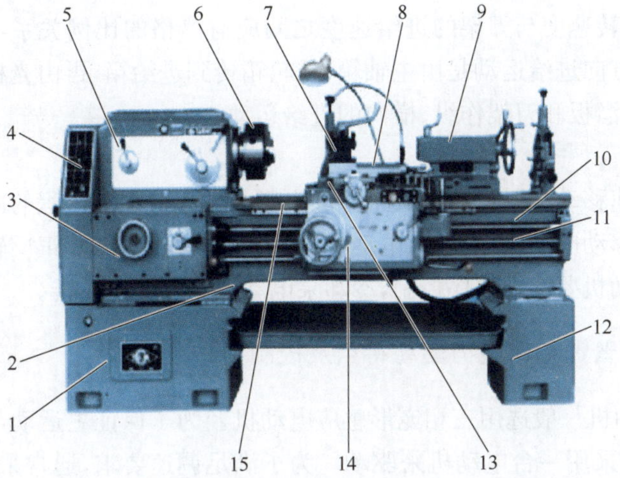

1—左床座；2—床身；3—进给箱；4—挂轮架；5—主轴箱；6—卡盘；7—方刀架；8—小滑板；
9—尾架；10—丝杠；11—光杠；12—右床座；13—横溜板；14—溜板箱；15—纵溜板

图 2－4 CA6140 普通卧式车床外形及其结构

二、CA6140 普通车床型号意义

CA6140 普通车床型号意义如下：

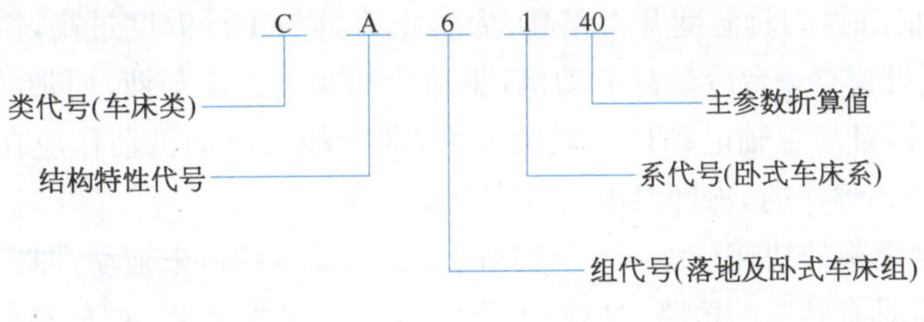

三、车床主要运动形式

为了加工各种旋转表面，车床必须进行切削运动和辅助运动。切削运动包括主运动和进给运动，除此之外的其他运动皆为辅助运动。

1. *主运动*

指工件的旋转运动，是由主轴通过卡盘或顶尖带着工件旋转。

主轴的旋转是由主轴电动机经传动机构拖动的。车削加工时，根据被加工工件的材料性质、加工方式等条件，要求主轴能在一定的范围内变速，主轴调速由主轴变速箱完成。另外，为了加工螺纹等工件，还要求主轴能够正、反转。主轴电动机的容量不大，可采用直接启动。

2. 进给运动

指刀架带动刀具的纵向或横向直线运动。

刀架的进给运动也是由主轴电动机拖动的，其运动方式有手动和自动两种。在螺纹加工时，工件的旋转速度与刀架的进给速度之间应有严格的比例关系，因此，车床刀架的纵向或横向两个方向进给运动是由主轴箱、挂轮箱传到进给箱，再由光杆或丝杆传入溜板箱，由溜板箱带动溜板和刀架作纵、横向的进给运动。

3. 辅助运动

指刀架的快速移动、尾架的移动、工件的夹紧与放松及加工过程的冷却等。

由刀架快速移动电动机拖动，该电动机可以直接启动，不需要正反转和调速。冷却泵电动机和主轴电动机要实现顺序控制，冷却泵电动机不需要正反转。

四、CA6140 普通车床电力驱动特点及控制要求

（1）主轴电动机一般选用三相笼形感应电动机。为了保证主运动与进给运动之间的严格比例关系，只采用一台电动机来驱动。为了满足调速要求，通常采用机械变速，由车床主轴箱通过齿轮变速箱与主轴电动机的连接来完成。

（2）为车削螺纹，要求主轴能够正、反向运行。对于小型车床，主轴正、反向运行由主轴电动机正、反转来实现；当主轴电动机容量较大时，主轴的正、反向运行则靠摩擦离合器来实现，电动机只作单向旋转。

（3）主轴电动机的启动、停止能实现自动控制。一般中小型车床的主轴电动机均采用直接启动；当电动机容量较大时，通常采用Y-△减压启动。为实现快速停车，一般采用机械或电气制动。

（4）车削加工时，刀具温度升得很高，为防止刀具与工件温度过高，需用切削液对其进行冷却，为此设置有一台冷却泵电动机，驱动冷却泵输出冷却液，而带动冷却泵的电动机只需单向旋转，且与主轴电动机有联锁关系，即冷却泵电动机动作应在主轴电动机之后。当主轴电动机停车时，冷却泵电动机应立即停车。

（5）为实现溜板的快速移动，应由单独的快速移动电动机来拖动，即采用点动控制。

（6）电路应具有必要的短路、过载、欠压和零压等保护环节，并有安全可靠的局部照明和信号指示。

想一想

CA6140 普通车床的主运动是什么？

任务三　CA6140 普通车床电气控制线路

CA6140 普通车床电路如图 2－5 所示。

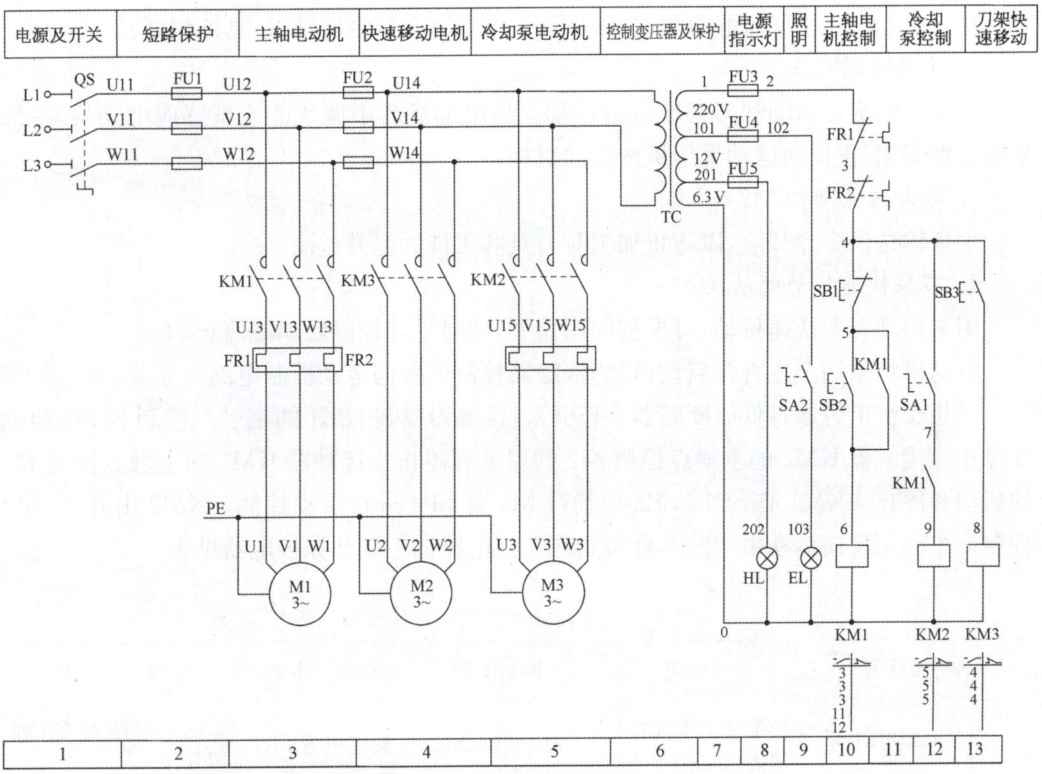

图 2－5　CA6140 普通车床电路图

一、绘制和识读机床电路图的基本要素

一般机床电气控制线路包含的电器元件和电气设备比较多，对应的电路图符号较多。为了便于识读分析接机床电路图，还应明确以下几点：

(1) 电路图按功能分成若干单元，并用文字将其功能标注在电路图上部的栏内。如图 2－5 所示电路按功能分为电源保护、电源开关和主轴电动机等若干单元。

(2) 在电路图下部(或上部)划分若干图区，并从左至右依次用阿拉伯数字编号标注在图栏内。通常是一条回路或者一条支路划为一个图区，如图 2－5 所示电路图共划分了 13 个图区。

(3) 电路图中，在每个接触器线圈下方画出两条直线，分成左、中、右三栏，每个继电器线圈下方画出一条竖直线，分成左、右两栏。把受其线圈控制而动作的触头所处的图区号填入相应的栏内，对备而未用的触头，在相应的栏内用记号“×”标出或者不标出任何符号。

(4) 如果电路图中触头文字符号下面有具体的数字，则数字表示该电器线圈所处的图区号。

二、主电路分析

从 CA6140 普通车床电路图中可以看出，主电路有三台电动机，具体包括：

1. 主轴电动机 M1

带动主轴旋转运动和刀架作进给运动。该电动机为不调速的笼型感应电动机，主轴采用机械变速，正反向运动采用机械换向机构。

2. 冷却泵电动机 M2

用来输送供应冷却液，以防止加工时刀具和工件的温升过高。

3. 刀架快速移动电动机 M3

用来拖动刀架快速移动，可根据使用需要，随时手动控制启动或停止。

电动机均采用全压直接启动，皆为接触器控制的单向运动控制电路。

三相交流电源通过低压断路器 QF 引入，接触器控制 KM1 的主触点控制 M1 的启动和停止。接触器 KM2 的主触点控制 M2 的启动和停止。接触器 KM3 的主触点控制 M3 的启动和停止。KM1 有 SB1、SB2 控制，KM3 有 SB3 进行点动控制。KM2 由开关 SA1 控制。主轴正反向运动由摩擦离合器实现。主电路的控制和保护电器见表 2-3。

表 2-3　主电路的控制和保护电器

名称及代号	作用	控制电器	过载保护电器	短路保护电器
主轴电动机 M1	带动主轴旋转和刀架进给运动	接触器 KM1	热继电器 FR1	低压断路器 QS 和 FU1
冷却泵电动机 M2	供应冷却液	接触器 KM2	热继电器 FR2	熔断器 FU2
快速移动电动机 M3	拖动刀架快速移动	接触器 KM3	无	熔断器 FU2

三、控制电路分析

控制电路的电源为变压器 TC 次级输出 220 V 电压，熔断器 FU3 做短路保护。

1. 主轴电动机 M1 的控制

采用了具有过载保护全压启动控制的典型环节。

按下启动按钮 SB2，接触器 KM1 得电吸合，其辅助动合触头 KM1(5～6)闭合自锁，KM1 的主触头闭合，主轴电动机 M1 启动；同时其辅助动合触头 KM1(5～8)闭合。作为 KM2 得电的先决条件。按下停止按钮 SB1，接触器 KM1 失电释放，电动机 M1 停止。

2. 冷却泵电动机 M2 的控制

采用两台电动机 M1、M2 顺序联锁控制的典型环节，以满足生产要求，当主轴电动机启动后，冷却泵电动机才能启动；当主轴电动机停止运行时，冷却泵电动机也自动停止运行。主轴电动机 M1 启动后，即在接触器 KM1 得电吸合的情况下，其辅助动合触头 KM1 闭合，因此合上开关 SA1，使接触器 KM2 线圈得电吸合，冷却泵电动机 M2 才能启动。

3. 刀架快速移动电动机 M3 的控制

采用点动控制。按下按钮 SB3，KM3 得电吸合，其主触头闭合，对 M3 电动机实施点动控制。电动机 M3 经传动系统，驱动溜板带动刀架快速移动。松开 SB3，KM3 失电释放，电动机 M3 停转。

4. 照明与信号电路

控制变压器 TC 的二次侧输出电压 12 V 是车床照明灯 EL 的电源，6.3 V 电压是指示灯 HL 的电源。EL 由开关 SA2 控制，由 FU4 作短路保护。HL 由 FU5 作短路保护。

想一想

冷却泵电动机与主轴电动机的工作有何关系？

任务四　CA6140 普通车床常见电气故障分析与检修

尽管机床日常维护保养后，降低了电气故障的发生率，但是不能杜绝电气故障的发生。因此，除了要掌握日常维护保养技术之外，还必须具备在电气故障发生后能够采用正确的检修方法和步骤，找出故障点并排除故障的技能。通过学习 CA6140 普通车床的运行情况，结合车床控制线路的工作原理，能够根据看到的现象，学会分析故障现象，确定故障范围，用万用表等工具排除故障点。

一、CA6140 普通车床常见故障检修

CA6140 普通车床常见电气故障现象是机床不能启动、照明灯不亮、主轴没有连续运动、冷区泵电动机和刀架快速移动电机不能启动，电气故障主要以导线故障和元器件的故障为主。

CA6140 普通车床常见电气故障的检修见表 2-4。

表 2-4　CA6140 普通车床常见电气故障的检修

序号	故障现象	故障原因	处理方法
1	机床不能启动	可能 TC 输入端→TC→1 号线→FU3→2 号线→FR1→3 号线→FR2→4 号线→SB1→5 号线→SB2→6 号线→KM→0 号线→TC 中有线路或元件故障	检查 TC、FU3、FR1、FR2、SB1、SB2、KM1 元件是否良好，1 号线、2 号线、3 号线、4 号线、5 号线、6 号线、0 号线接线是否断线
2	照明灯不亮	可能 101 号线→FU4→102 号线→SA2→103 号线→EL→0 号线→TC 中有线路或元件故障	检查 FU4、SA2、EL、TC 元件是否良好，101 号线、102 号线、103 号线、0 号线接线是否断线

（续表）

序号	故障现象	故障原因	处理方法
3	主轴只能点动	可能5号线→KM1→6号线中的元件或线路故障	检查元件KM1是否良好，5号线、6号线接线是否断线
4	冷却泵电机不能启动	可能4号线→SA1→7号线→KM1→9号线→KM2→0号线中有线路或元件故障	检查SA1、KM1、KM2元件是否良好，4号线、7号线、9号线、0号线接线是否断线
5	刀架快速移动电机不能启动	可能4号线→SB3→8号线→KM3→0号线中有线路或元件故障	检查SB3、KM3元件是否良好，4号线、8号线、0号线接线是否断线

二、电气故障检修步骤及工艺要求

（1）在教师的指导下对CA6140普通车床进行操作，了解车床的各种工作状态及操作方法。

（2）教师进行示范检修时，可把下述检修步骤及要求贯穿其中，直至故障排除。具体要求如下：

① 用通电试验法观察故障现象。

② 根据故障现象，依据电路图用逻辑分析法在电路图上用虚线正确标出最小的故障部位，确定故障范围。

③ 采取正确的检修方法查找故障点，在规定的时间内排除故障。

④ 检修完毕进行通电试验，并做好维修记录。

三、注意事项

（1）工具和仪表的使用要正确，防止表笔造成短路。

（2）检修时，要认真核对导线的线号，以免出错。

（3）检修时，严禁扩大故障范围或产生新的故障，不得损坏电器元件或设备。

（4）检修过程中，故障分析、排除故障的思路要正确，不得采用更换元器件、借用触头或改动线路方法修复故障。

（5）故障查出后，必须修复故障点，不能采用更换元件的方法修复故障点。

（6）停电要验电。带电检修时，要穿好绝缘鞋，必须在教师的监护下进行，以确保用电安全。

四、操作步骤

（1）要认真阅读CA6140普通车床的电路图和接线图，弄清有关电器元件的位置、作用及走线情况。

（2）要认真仔细地观察教师的示范检修。

（3）学生通过通电试车发现故障现象进行分析，并在分析原理图中标出最小故障范围。

(4) 采用电压法或电阻法在故障范围内找出故障点。

(5) 排除故障，修复故障点。在这个过程中不得采用更换元件或改变线路的方法来修复故障点。

注意：如果使用电阻法检测机床电气故障点，一定要先断开电源。

在实际检修时，机床电气故障是多样的，就是同一种故障现象，发生故障的部位往往也不相同。因此，电气故障检修时不能生搬硬套，应根据故障性质和具体情况灵活运用，力求迅速准确找出故障点。

想一想

CA6140 普通车床主轴电动机缺相运行时的现象有哪些？

五、技能训练

在规定的时间内完成 CA6140 车床两个故障点的排除。

操作要求如下：

(1) 排故时符合操作规程，保障安全文明生产。

(2) CA6140 车床通电运行检查，观察 CA6140 车床的运行状况，以书面形式写出故障现象。

(3) 分析故障现象并确定故障范围，写出故障原因。

(4) 找出故障点并排除故障。

思考与练习

一、选择题(选择正确的答案，将相应的字母填入题内的括号中)

1. CA6140 车床冷却液泵电动机的电气控制电路采用(　　)作电动机过载保护。

　A. 熔断器　　B. 过电流继电器

　C. 热继电器　　D. 接触器

2. CA6140 车床电气控制电路电源电压为交流(　　)。

　A. 24 V　　B. 36 V　　C. 110 V　　D. 220 V

二、分析题

1. 请分析 CA6140 普通车床电力驱动的特点。
2. 请分析 CA6140 普通车床控制电路的工作原理。

项目三 Z3040钻床电路检修

项目概述

钻床是一种孔加工设备，可用来钻孔、扩孔、铰孔、攻螺纹及修刮端面等多种形式的加工。按用途和结构分类，钻床可分为立式钻床、台式钻床、多轴钻床、摇臂钻床及其他专用钻床等。其中摇臂钻床操作方便、灵活、适用范围广，具有典型性，特别适用于单件或批量生产带有多孔大型零件的孔加工，是一种机械加工车间常见的机床。项目三以Z3040摇臂钻床为例，通过一些典型的故障点，进行电气故障排除的技能训练。

项目实施

任务一　熟悉 Z3040 摇臂钻床

摇臂钻床是一种摇臂可绕立柱回转和升降，主轴箱又可在摇臂上作水平移动的钻床。Z3040 摇臂钻床是一种立式钻床，它具有性能完善、适用范围广、操作方便、灵活及工作可靠等优点，特别适用于多孔的大型工件的孔加工。

一、Z3040 摇臂钻床结构

Z3040 型摇臂钻床的外形及结构如图 3－1 所示，主要由底座、内立柱、外立柱、摇臂、主轴箱及工作台等部分组成。Z3040 型摇臂钻床的内立柱固定在底座一端，在它的外面套有外立柱，外立柱可绕内立柱回转 360°。

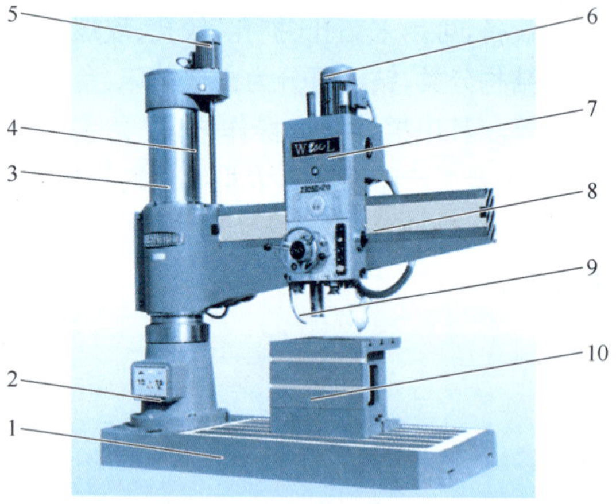

1—底座；2—电源总开关；3—外立柱；4—摇臂升降丝杠；5—摇臂升降电动机；
6—主轴电动机；7—主轴箱；8—摇臂；9—主轴；10—工作台

图 3－1　Z3040 型摇臂钻床的外形及结构

二、Z3040 摇臂钻床的型号意义

Z3040 摇臂钻床的型号意义如下：

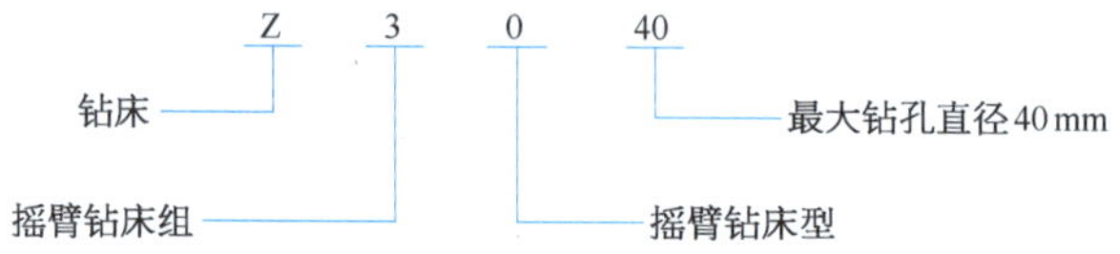

三、主要运动形式

Z3040 型摇臂钻床的摇臂套装在外立柱上，借助丝杠的正反转，可沿着外立柱做上下移动。摇臂与外立柱一起绕内立柱回转。

主轴箱安装在摇臂的水平导轨上，可由手轮操作，使其在水平导轨上沿摇臂移动。

进行加工时，由特殊的夹紧装置将主轴箱紧固在摇臂导轨上，外立柱紧固在内立柱上，摇臂紧固在外立柱上，然后进行钻削加工。

进行钻削加工时，钻头旋转，进行切削，同时进行纵向进给。摇臂钻床的主运动为主轴的旋转运动，进给运动为主轴的纵向进给。辅助运动有：摇臂沿外立柱的垂直移动，主轴箱沿摇臂长度方向的移动，摇臂与外立柱一起绕内立柱的回转运动。

四、Z3040 型摇臂钻床电力驱动特点及控制要求

(1) 摇臂钻床的运动部件较多，为简化传动装置，采用多台电动机驱动。通常有主轴电动机、摇臂升降电动机、立柱夹紧放松电动机及冷却泵电动机。

(2) 摇臂钻床为适应多种形式的加工，要求主轴及进给有较大的调速范围。主轴在一般速度下的切削加工为恒功率负载，而低速时主要用于扩孔、铰孔和攻螺纹等加工，这时一般为恒转矩负载。

(3) 摇臂钻床的主运动与进给运动都为主轴运动，这两个运动由一台主轴电动机驱动。

(4) 为了加工螺纹，要求主轴能够进行正、反转。摇臂钻床主轴的正、反转一般由机械方法获得，因此主轴电动机只需要单向旋转。

(5) 具有必要的联锁与保护装置。

想一想

Z3040 型摇臂钻床的主运动有哪些？

任务二　Z3040 摇臂钻床电气控制线路

Z3040 摇臂钻床电气控制原理如图 3-2 所示。M1 为主轴电动机，M2 为摇臂升降电动机，M3 为液压泵电动机，M4 为冷却泵电动机，QS 为总电源开关。

该机床采用先进的液压技术，具有两套液压控制系统，一套是操纵机构液压系统，由主轴电动机拖动齿轮输送压力油，通过操纵机构实现主轴正/反转、停车制动、空挡、预选与变速；另一套由液压泵电动机拖动液压泵输送压力油，实现摇臂的夹紧与松开，主轴箱和立柱的夹紧与松开。

一、主电路

该钻床共配置 4 台电动机。

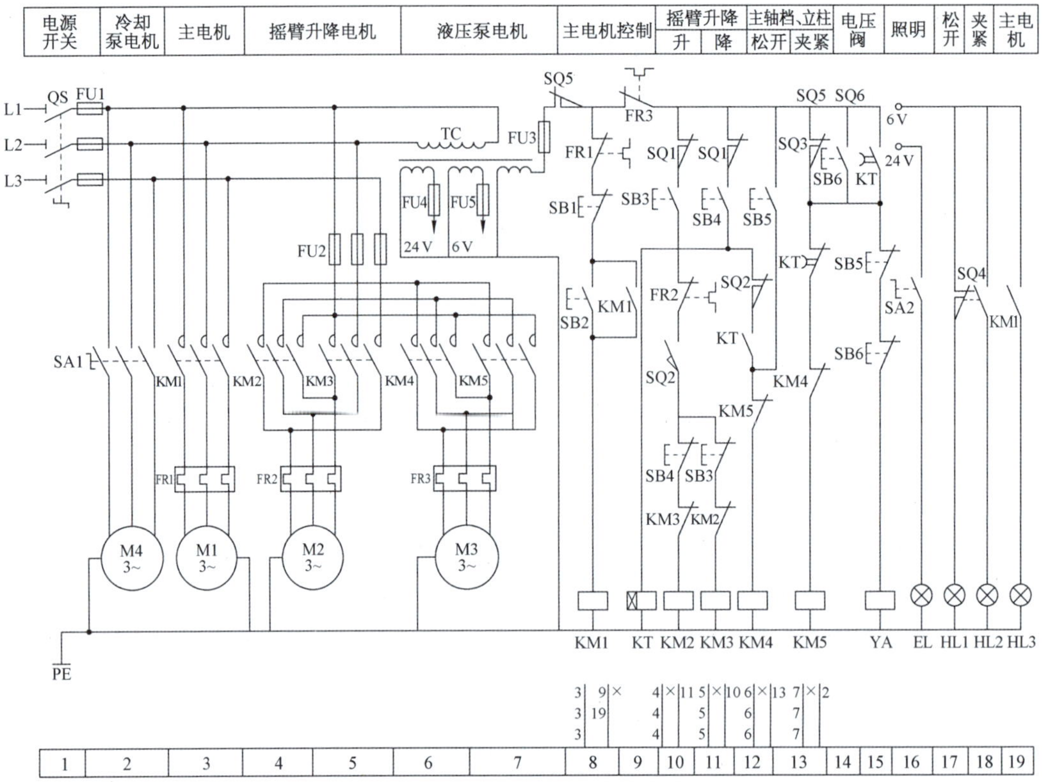

图 3－2　Z3040 摇臂钻床电气控制原理图

（1）M1 主轴电动机（3 区）。由接触器 KM1 控制。带动主轴的旋转和使主轴作轴向进给运动，为单向旋转。主轴正、反转则由电动机拖动齿轮泵送出压力油，通过液压系统操纵机构配合正、反转摩擦离合器驱动主轴正转或反转来实现，并由热继电器 FR1 作为长期过载保护。

（2）M2 摇臂上升下降电动机（4～5 区）。可作正、反向运行，由接触器 KM2、KM3 控制。

（3）M3 液压泵电动机（6～7 区）。作正、反向运行，由接触器 KM4、KM5 控制。控制电路保证在操纵摇臂升降时，首先使液压泵电动机启动运转，供出压力油，经液压系统使摇臂松开，其次使电动机 M2 启动，拖动摇臂上升或下降。当摇臂移动到位后，控制电路又保证 M2 先停下，再自动通过液压系统，将摇臂夹紧，最后液压泵电动机 M3 才停下。

（4）M4 冷却泵电动机（2 区）。由转换开关 SA1 控制。

二、控制电路

（1）主轴电动机 M1 的控制电路（8 区）。由按钮 SB1、SB2 和接触器 KM1 组成的启动、停止控制电路。

（2）摇臂升降电动机 M2 的控制电路（9～11 区）。由摇臂升降按钮 SB3、SB4 及正反转接触器 KM2、KM3 组成的控制电路实现正反转，这是具有复合联锁（按钮 SB3、SB4 联锁和接触器 KM2、KM3 联锁）的电动机正反转点动控制电路，用来控制摇臂上升或下降。液压泵电动机 M3 的控制电路(12～14 区),由按钮 SB5、SB6 和接触器 KM4、KM5 组成的具有接触器联锁的正反转点动控制电路。

(3) 电磁阀(文字符号 YV)的控制电路(15 区)。通过断电延时继电器 KT 和行程开关 SQ2、SQ3 进行联接,使电磁阀 YV 得电时吸合,对摇臂进行夹紧,使电磁阀 YV 失电时释放,确保钻削加工精度。

三、照明、指示电路

(1) 照明电路(16 区)。照明电路的电源是由变压器 TC 将 380 V 的交流电压降为 36 V 安全电压提供的。照明灯 EL 由开关 SA2 控制,由熔断器 FU4 作短路保护。

(2) 指示电路(17～19 区)。指示电路的电源是由变压器 TC 将 380 V 的交流电压降为 6 V 安全电压提供的。HL1(17 区)为摇臂松开指示灯,HL2(18 区)为摇臂夹紧指示灯,由行程开关 SQ4 控制,HL3(19 区)为主轴电机指示灯,由接触器 KM1 控制。

四、电气-机械-液压装置在控制中的相互配合

1. 操纵机构液压系统

该系统压力油由主轴电动机拖动齿轮泵送出,由主轴操作手柄来改变两个操纵阀的相互位置,使压力油做不同的分配,获得不同动作。操作手柄有上、下、里、外和中间 5 个空间位置。其中上为“空挡”,下为“变速”,外为“正转”,里为“反转”,中间位置为“停车”。而主轴转速及主轴进给量各由一个旋钮预选,然后再操纵主轴手柄。

主轴旋转时,首先按下主轴电动机启动按钮,主轴电动机启动旋转,拖动齿轮泵,送出压力油。其次操纵主轴手柄,扳至所需转向位置(里或外),于是两个操纵阀相互改变位置,使一股压力油将制动摩擦离合器松开,为主轴旋转创造条件;另一股压力油压紧正转(反转)摩擦离合器,接通主轴电动机到主轴的传动链,驱动主轴正转或反转。最后在主轴正转或反转过程中,可转动变速旋钮,改变主轴转速或主轴进给量。

主轴停车时,将操作手柄扳回中间位置,这时主轴电动机仍拖动齿轮泵旋转,但此时整个液压系统为低压油,松开制动摩擦离合器,在制动弹簧作用下将制动摩擦离合器压紧,使制动轴上的齿轮不能转动,实现主轴停车。因此主轴停车时主轴电动机仍在旋转,只是不能将动力传到主轴。

主轴变速与进给变速时,将主轴操作手柄扳至“变速”位置,于是改变两个操纵阀的相互位置,使齿轮泵送出的压力油进入主轴转速预选阀和主轴进给量预选阀,然后进入各变速油缸。变速液压缸为差动液压缸,具体哪个液压缸上腔进压力油或回油,视所选择主轴转速和进给量大小而定。与此同时,另一油路系统推动拨叉缓慢移动,逐渐压紧主轴转速摩擦离合器,接通主轴电动机到主轴的传动链,带动主轴缓慢旋转(称为缓速),以利于齿轮的顺利啮合。当变速完成后,松开操纵手柄,此时手柄在弹簧作用下由“变速”位置自动复位到主轴“停车”位置,然后再操纵主轴正转或反转,主轴将在新的转速或进给量下工作。

主轴空挡时,操作手柄扳向“空挡”位置,压力油使主轴传动中的滑移齿轮处于中间脱开位置。这时,可用手轻便地移动主轴。

2. 夹紧机构液压系统

主轴箱、内外立柱和摇臂的夹紧与松开，是由液压泵电动机拖动液压泵送出压力油，推动活塞、菱形块来实现的。其中主轴箱和立柱的夹紧或放松由一个油路控制，而摇臂的夹紧或放松因要与摇臂的升降运动构成自动循环，因此由另一油路来控制。这两个油路均由电磁阀操纵。

想一想

Z3040 摇臂钻床摇臂的上升与下降体现了哪种典型控制？

任务三　Z3040 摇臂钻床常见电气故障分析与检修

尽管机床日常维护保养后，降低了电气故障的发生率，但是不能杜绝电气故障的发生。因此，除了要掌握日常维护保养技术之外，还必须具备在电气故障发生后能够采用正确的检修方法和步骤，找出故障点并排出故障。

通过对 Z3040 摇臂钻床原理图的深入了解，能够熟练地操作摇臂钻床并能调试。根据原理图，熟练地分析 Z3040 摇臂钻床的工作情况，根据看到的现象，学会分析故障现象，确定故障范围，用万用表等工具排除故障点。

一、Z3040 摇臂钻床常见的电气故障

Z3040 摇臂钻床电气控制线路常见故障分析与处理方法见表 3－1。

表 3－1　Z3040 摇臂钻床电气控制线路常见故障分析与处理

故障现象	分析原因	处理方法
摇臂不能上升（或下降）	① 行程开关 SQ2 不动作，SQ2 的动合触点不闭合，SQ2 安装位置移动或损坏 ② 接触器 KM2 线圈不吸合，摇臂升降电动机 M2 不运转 ③ 系统发生故障（如液压泵卡死、不转和油路堵塞等），使摇臂不能完全松开，压不到 SQ2 ④ 安装或大修后，由于相序接反，按 SB3 摇臂上升按钮，电动机反转，使摇臂夹紧，压不到 SQ2，摇臂也就不能上升或下降	① 检查行程开关 SQ2 触点、安装位置或损坏情况，并予以修复 ② 检查接触器 KM2 控制回路及摇臂升降电动机 M2，并予以修复 ③ 检查系统发生故障原因 SQ2 位置移动或损坏处，并予以修复 ④ 检查相序，换相
摇臂上升（或下降）到预定位置后，摇臂不能夹紧	① 限位开关 SQ3 安装位置不准确或紧固螺钉松动，使 SQ3 限位开关过早动作 ② 活塞杆通过弹簧片压不到 SQ3，其触点未断开，使 KM5、YV 不断电释放 ③ 接触器 KM5、电磁铁 YV 不动作，电动机 M3 不反转	① 调整限位开关 SQ3 的动作行程，紧固好定位螺钉 ② 调整活塞杆、弹簧片的位置 ③ 检查接触器 KM5、电磁铁 YV 控制线路是否正常，电动机 M3 是否完好，并予以修复

（续表）

故障现象	分析原因	处理方法
立柱、主轴箱不能夹紧(或松开)	① 控制线路故障使接触器 KM4 或 KM5 不吸合 ② 油路堵塞使接触器 KM4 或 KM5 不吸合	① 检查按钮接线是否脱落，并予以修复 ② 检查油路堵塞情况，并予以修复
按 SB6 按钮，立柱、主轴箱能夹紧，但放开按钮后，立柱、主轴箱却松开	① 菱形块或承压块的角度方向错位，或距离不合适 ② 菱形块立不起来，因为夹紧力调得太大或夹紧液压系统压力不够	① 调整菱形块或承压块的角度与距离 ② 调整夹紧力或夹紧液压系统压力
主轴电动机刚启动运转，熔断器就熔断	① 机械机构卡住或钻头被铁屑卡住 ② 负荷太重或进给量太大 ③ 电动机故障	① 检查机构卡住原因，并予以修复 ② 退出主轴，根据空载情况找出原因，予以调整处理 ③ 检查电动机故障原因并予以修复或更换

Z3040摇臂钻床电气控制线路比较简单，其电气控制的主要环节是摇臂运动。摇臂在上升或下降时，摇臂的夹紧机构先自动松开，在上升或下降到预定位置后，其夹紧机构又将摇臂自动夹紧在立柱上。这个工作过程是由电气、机械和液压系统的紧密配合来实现的。

二、电气故障检修步骤及工艺要求

在教师的指导下对Z3040摇臂钻床进行操作，了解钻床的各种工作状态及操作方法。教师进行示范检修时，可把下述检修步骤及要求贯穿其中，直至故障排除。具体要求如下：

(1) 用通电试验法观察故障现象。

(2) 根据故障现象，依据电路图用逻辑分析法在电路图上用虚线正确标出最小的故障部位，确定故障范围。

(3) 采取正确的检修方法查找故障点，在规定的时间内排除故障。

(4) 检修完毕进行通电试验，并做好维修记录。

三、注意事项

(1) 工具和仪表的使用要正确，防止表笔造成短路。

(2) 检修时，要认真核对导线的线号，以免出错。

(3) 检修时，严禁扩大故障范围或产生新的故障，不得损坏电器元件或设备。

(4) 检修过程中，故障分析、排除故障的思路要正确，不得采用更换元器件、借用触头或改动线路方法修复故障。

(5) 故障查出后，必须修复故障点，不能采用更换元件的方法修复故障点。

(6) 停电要验电。带电检修时，要穿好绝缘鞋，必须在教师的监护下进行，以确保用电安全。

四、操作步骤

(1) 要认真阅读 Z3040 摇臂钻床的电路图和接线图，弄清有关电器元件的位置、作用及走线情况。

(2) 要认真仔细地观察教师的示范检修。

(3) 学生通过通电试车发现故障现象进行分析，并在分析原理图中标出最小故障范围。

(4) 采用电压法或电阻法在故障范围内找出故障点。

(5) 排除故障，修复故障点。在这个过程中不得采用更换元件或改变线路的方法来修复故障点。

注意： 如果使用电阻法检测机床电气故障点，一定要先断开电源。

在实际检修时，机床电气故障是多样的，就是同一种故障现象，发生故障的部位往往也不相同。因此，电气故障检修时不能生搬硬套，应根据故障性质和具体情况灵活运用，力求迅速准确找出故障点。

想一想

怎样检查控制摇臂(下降)的接触器 KM2 和 KM3 的线圈？

五、技能训练

在规定的时间内完成 Z3040 摇臂钻床两个故障点的排除。

操作要求如下：

(1) 排故时符合操作规程，保障安全文明生产。

(2) Z3040 摇臂钻床通电运行检查，观察 Z3040 摇臂钻床的运行，以书面形式写出故障现象。

(3) 分析故障现象确定故障范围，写出故障原因。

(4) 找出故障点并排除故障。

思考与练习

一、选择题(选择正确的答案，将相应的字母填入题内的括号中)

1. Z3040 摇臂钻床主运动与进给运动由(　　)台电动机驱动。

   A. 1　　B. 2　　C. 3　　D. 4

2. Z3040 摇臂钻床操作手柄共有(　　)个空间位置。

A. 6　　B. 4　　C. 3　　D. 5

3. Z3040 摇臂钻床照明电路电源电压为交流(　　)。

A. 24 V　　B. 220 V　　C. 110 V　　D. 36 V

4. Z3040 摇臂钻床液压泵电动机的电气控制电路采用(　　)作电动机过载保护。

A. 熔断器　　B. 过电流继电器

C. 热继电器　　D. 接触器

二、判断题(将判断结果填入括号中。正确的填"√",错误的填"×")

1. Z3040 摇臂钻床主运动与进给运动由两台电动机驱动。(　　)

2. Z3040 摇臂钻床控制电路电源电压为交流 220 V。(　　)

三、分析题

1. 分析摇臂的上升和下降控制。

2. 分析立柱的加紧与放松控制。

项目四 M7130平面磨床电路检修

项目概述

磨床是用砂轮的周边或端面进行磨削加工的一种精密机床，它可以加工各种表面，如平面、内外圆柱面、圆锥面和螺旋面等。通过磨削加工，使工件的形状及表面的精度、光洁度达到预期的要求。同时，它还可以进行切断加工。磨床的种类很多，有平面磨床、外圆磨床、内圆磨床、工具磨床和各种专用磨床（如螺纹磨床、齿轮磨床、球面磨床和导轨磨床等），其中以平面磨床应用最为普遍。平面磨床又分为卧轴、立轴、矩台和圆台四种类型。项目四详细介绍了M7130平面磨床电气故障的检查与排除方法，并且通过一些典型的故障点进行电气故障排除的技能训练。

项目实施

任务一　熟悉 M7130 平面磨床

M7130 型号平面磨床是使用较为普通的一种，该磨床操作方便，磨削精度和表面粗糙度较高，适用于磨削精密零件和各种工具，并可作镜面磨削。

一、M7130 平面磨床结构

平面磨床的外形结构如图 4-1 所示。它由床身、工作台、电磁吸盘、砂轮箱、滑座和立柱等部分组成。在箱形床身 1 中，装有液压传动装置，以使矩形工作台 2 在床身导轨上通过压力油推动活塞杆 10 作往复运动（纵向）。而工作台往复运动的换向是通过换向撞块 8 碰撞床身上的液压手柄 9 来改变油路实现的。工作台往返运动的行程长度可通过调节装在工作台正面槽中的撞块 8 的位置来改变。工作台的表面是 T 形槽，用来安装电磁吸盘以吸持工件或直接安装大型工件。在床身上固定有立柱 7，沿立柱 7 的导轨上装有滑座 6，滑座可在立柱导轨上作上下移动，并可由垂直进刀手轮 11 操纵，砂轮箱 4 能沿滑座水平导轨作横向移动。它可由横向移动手轮 5 操纵，也可由液压传动作连续或间断移动，连续移动用于调节砂轮位置或整修砂轮，间断移动用于进给。

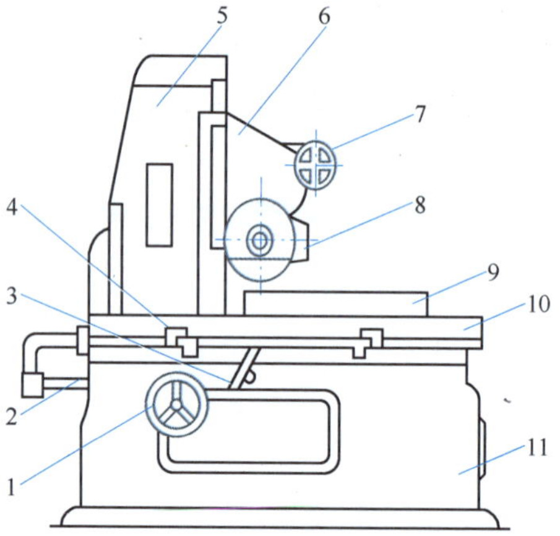

1—砂轮箱垂直进刀手轮；2—活塞杆；3—工作台往复运动换向手柄；
4—工作台换向撞块；5—立柱；6—滑座；7—砂轮箱横向移动手轮；
8—砂轮箱；9—电磁吸盘；10—工作台；11—床身

图 4-1　平面磨床外形结构图

二、M7130 平面磨床磨床型号意义

M7130 平面磨床磨床型号意义如下：

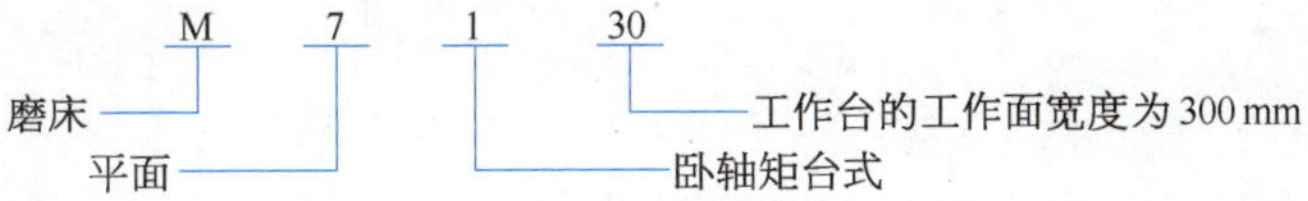

三、主要运动形式

矩形工作台平面磨床的工作示意图如图 4－2 所示。

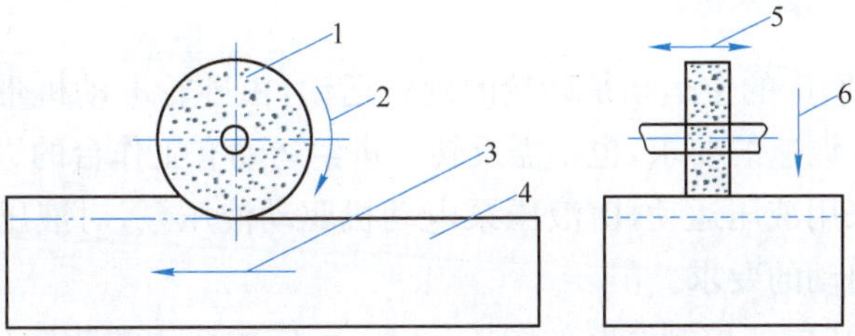

1—砂轮；2—主运动；3—纵向进给运动；4—工作台；5—横向进给运动；6—垂直进给运动

图 4－2　矩形工作台平面磨床工作图

磨床的主运动是砂轮的旋转运动。进给运动有垂直进给、横向进给、纵向进给：垂直进给是滑座在立柱上的上下运动；横向进给是砂轮箱在滑座上的水平运动；纵向进给是工作台沿床身的往复运动。工作台每完成一次往复运动时，砂轮箱便作一次间断性的横向进给，当加工完整个平面后，砂轮箱作一次间断性的垂直进给。

辅助运动是指砂轮箱在滑座水平导轨上作快速横向移动；滑座沿立柱上的垂直导轨作快速垂直移动，以及工作台往复运动速度的调整等。

四、M7130 平面磨床电力驱动特点及控制要求

M7130 平面磨床采用多台电动机驱动，其中砂轮电动机驱动砂轮旋转；液压电动驱动液压泵，供出压力油，经液压传动机构来完成工作台往复纵向运动并实现砂轮的横向自动进给，并承担工作台导轨的润滑任务；冷却泵电动机驱动冷却泵，供给磨削加工时需要的冷却液。

平面磨床是一种精密机床，为了保证加工精度，应使其运动平稳，确保工作台往复运动换向时惯性小、无冲击，因此采用液压传动实现工作台往复运动及砂轮箱横向进给。

磨削加工时无调速要求，但要求高速，通常采用两极笼型异步电动机驱动。

为了减小工件在磨削加工中的热变形，能够及时冲走磨屑，保证加工精度，需要使用冷却液。为了适应磨削小工件的要求，同时为了使工件在磨削过程中受热后能自由伸缩，采用电磁吸盘吸持工件。

因此，M7130 平面磨床由砂轮电动机、液压泵电动机、冷却泵电动机分别驱动，并且只需要单向旋转。冷却泵电动机与砂轮泵电动机具有顺序联锁关系，在砂轮电动机启动后才可开动冷却泵电动机。无论电磁吸盘工作与否，均可开动各电动机，以便进行磨床的调整运动，具有完善的保护环节和照明电路。

想一想

砂轮电动机和冷却泵电动机是顺序控制吗?

任务二　M7130 平面磨床电气控制线路

一、M7130 平面磨床电路图

M7130 型平面磨床的主运动是砂轮的旋转运动,由砂轮电动机带动。砂轮电动机可直接启动,没有电气调速的要求,也不需反转。进给运动有工作台的纵向往复运动和砂轮的横向进给运动,采用液压运动,由液压泵电动机驱动液压泵,对液压泵电动机没有电气调速,反转和降压启动的要求。

M7130 平面磨床电气控制线路如图 4-3 所示,它的底边按数序分成 17 个区,其中 1 区为电源开关及全电路短路保护,2～4 区为主电路部分,5～9 区控制电路部分,10～15 区为电磁吸盘电路部分,16～17 区为照明电路部分,原理图的上边按电路功能分区,表明每个区电路的作用。图中所有项目只标注种类代号,并省略了前缀符号。整个电路采用垂直布线。

二、主电路

三相电源 L1、L2、L3(1 区)由隔离开关 QS1 控制,熔断器 FU1 实现对全电路的短路保护。

从 2 区开始就是主电路,主电路的识读按从左到右的顺序看,有 3 台电动机 M1、M2、M3,均作直接启动并做单向旋转。

1. M1 砂轮电动机

M1 砂轮电动机在 2 区,带动砂轮对工件进行磨削加工,是主运动电动机。它由 KM1 的常开主触点控制,其控制线圈在 6 区。热继电器 FR1 作过载保护,其常闭触点在 6 区。

2. M2 冷却泵电动机

M2 冷却泵电动机在 3 区,带动冷却泵供给砂轮和工件冷却液,同时利用冷却液带走磨下的铁屑。M2 由插头与电源相接,在需要提供冷却液时才插上。M2 的工作也由 KM1 的常开主触点控制,所以 M1 启动后,M2 才可能接通运转,M1、M2 采用的是主电路顺序控制,由于 M2 容量较小,因此不需作过载保护。

3. M3 液压泵电动机(4 区)

M3 液压泵电动机在 4 区,带动液压泵进行液压传动,使工作台和砂轮作往复运动。热继电器 FR2 作过载保护,其常闭触点在 6 区。

三、控制电路

控制电路采用交流 380 V 电源,由熔断器 FU2 作短路保护(5 区)。5～9 区分别为砂

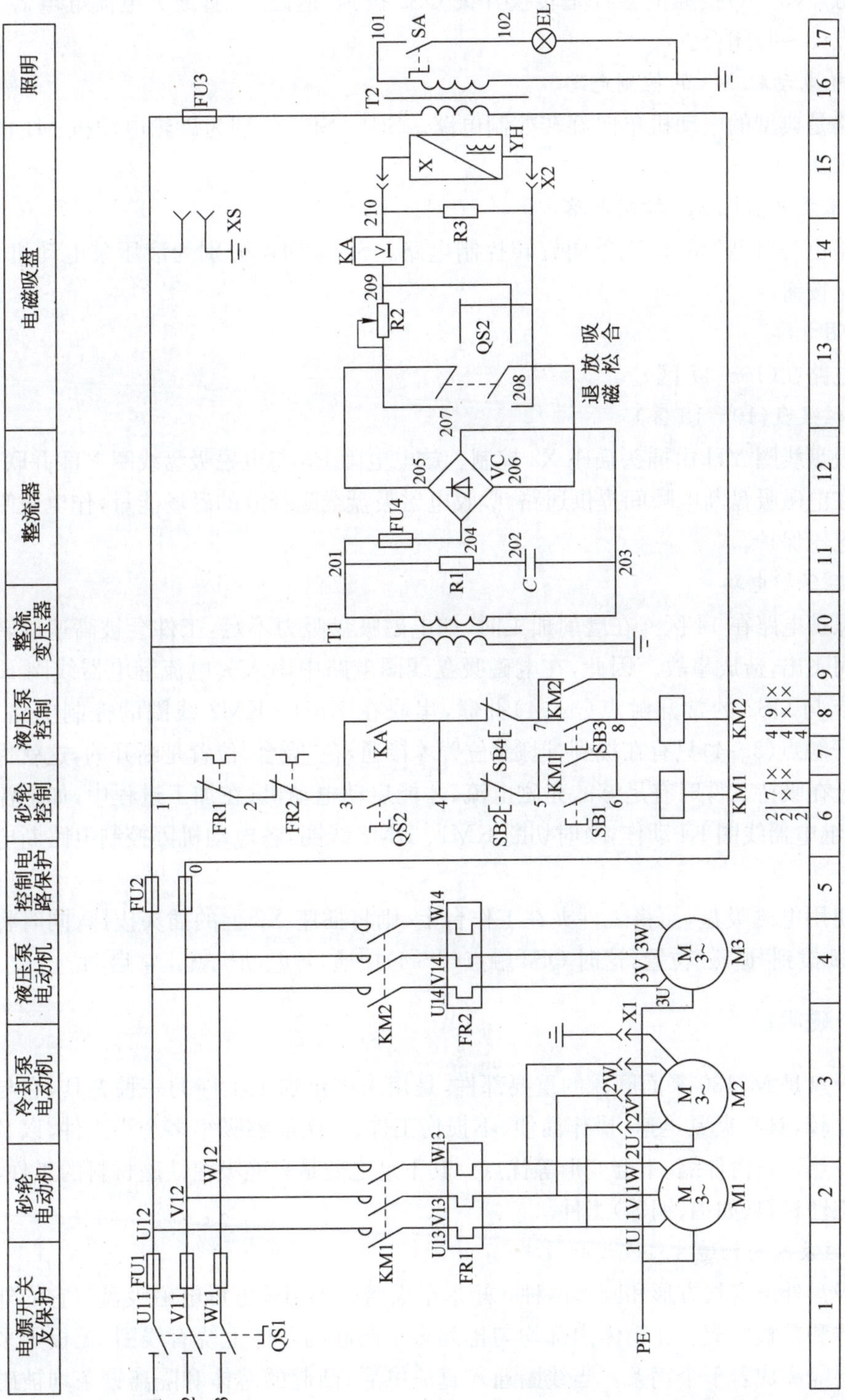

图 4-3 M7130 平面磨床电气控制线路

轮电动机 M1 和液压泵电动机 M3 的控制电路。当触点(3～4)接通时,控制电路才能正常工作。触点(3～4)接通的条件是转换开关 QS2 拨到“退磁”位置或欠电流继电器 KA 的常开触点(3～4)闭合。

1. 砂轮电动机 M1 的控制电路

该电路是典型的电动机单向旋转控制电路。SB1、SB2 分别为砂轮电动机 M1 的启动和停止按钮。

2. 液压泵电动机 M3 控制电路

该电路也是典型的电动机单向旋转控制电路。SB3、SB4 分别为液压泵电动机 M3 启动和停止按钮。

3. 照明电路

照明电路在(16～17 区)。

4. 电磁吸盘(10～15 区)

电磁吸盘线圈 YH 由插头插座 X2 控制。放电电阻 R3 与电磁吸盘线圈 YH 并联,它的作用是在电磁吸盘断电瞬间提供通路,吸收电磁吸盘线圈释放的磁场能量,作电磁吸盘线圈的过电压保护。

5. 弱磁保护电路

弱磁保护电路在 14 区。在磨削加工时,如电磁吸盘吸力不足,工件会被高速旋转的砂轮碰击而飞出,造成事故。因此,在电磁吸盘线圈电路中串入欠电流继电器线圈 KA,其常开触点与 QS2 的常开触点(3～4)并联,串联在 KM1、KM2 线圈的控制电路中。QS2 的常开触点(3～4)只有在拨到“退磁”位置才接通,在“吸合”位置是断开的,这就保证了电磁吸盘在吸持工件时有足够的充磁电流,才能启动电动机;在加工过程中,如电流不足,欠电流继电器线圈 KI 动作,及时切断 KM1、KM2 线圈,各电动机因控制电路断电而停止。

如不使用电磁吸盘,而将工件夹在工作台上,则将插座 X2 上的插头拔掉,同时将转换开关 QS2 拨到“退磁”位置,这时 QS2 触点(3～4)接通,各电动机就正常启动。

四、电磁吸盘

电磁吸盘是 M7130 平面磨床的重要部件,是用来固定加工工件的一种夹具,它与机械夹具相比较,具有夹紧迅速、操作简便、不损伤工件、一次能够吸牢多个小工件,以及磨削中工件发热可自由伸缩、不会变形等优点。其不足之处是只能吸住铁磁材料的工件,不能吸牢非磁性材料(如铝、铜等)工件。

1. 电磁吸盘的构造

电磁吸盘外形有长方形和圆形两种。矩形平面磨床采用长方形电磁吸盘。它的外形由钢制箱体和盖板组成。在箱体内部均匀排列多个凸起的芯体上绕有线圈,盖板则采用非磁性材料隔离成若干个钢条。当线圈通入直流电后,凸起的芯体和隔离钢条均被磁化形成磁极。当工件放在电磁吸盘上时,将被磁化而产生与磁盘相异的磁极并被吸住,即吸力线由盖板、工件、吸盘体、芯体闭合,将工件牢牢吸住。

电磁吸盘是一个电磁铁，其线圈通电后产生电磁吸力，吸引铁磁材料（如铁、钢等）的工件进行磨削加工。与机械夹具相比，电磁吸盘具有操作快速简便，不损伤工件，一次能吸引多个小工件，以及磨削时工件发热可自由伸缩、不会变形等优点。但是电磁吸盘对非铁磁材料（如铝、铜等）的工件没有吸力，而且其线圈必须使用直流电。

2. 电磁吸盘控制电路

电磁吸盘电路包括整流变压器、短路保护、整流电路、电磁吸盘控制、弱磁保护和电磁吸盘等电路。

1）整流变压器电路（10 区）

整流变压器 T1 将 220 V 交流电压降为 127 V。T1 的二次侧并联由 R1 和 C 组成的阻容吸收电路，用来吸收交流电路产生的过电压和在直流侧通断时的浪涌电压，对整流电压器进行过电压保护。

2）短路保护电路（11 区）

由熔断器 FU4 作电磁吸盘电路的短路保护。

3）整流电路（12 区）

桥式整流电路 VC 将整流变压器二次侧电压 127 V 变换为 110 V 的直流电压，供给电磁吸盘线圈 YH。

4）电磁吸盘控制电路（13～15 区）

转换开关 QS2 为电磁吸盘控制开关，有“吸合”“放松”“退磁”三个位置。退磁时要注意控制退磁时间，否则工件会因反向充磁而更难取下。电阻 R2 的作用是调节退磁电流。去磁结束，将 QS2 拨到“放松”位置，取下工件。

电磁吸盘控制原理分析如下：

QS2拨到“吸合”位置，（QS2开关向右时）→ QS2触点(3～4)断开；QS2触点(205～208) (206～209)闭合

→ 电磁吸盘线圈YH通电吸合，产生电磁吸力，将工件牢牢吸住

→ 欠电流继电器线圈KI通电吸合→欠电流继电器KI触点(3～4)闭合

→ 为KM1、KM2通电做准备。

按下按钮SB1→KM1线圈得电 → KM1自锁触头(4～5)闭合→砂轮电动机启动运转；KM1主触头闭合

按下按钮SB3→KM2线圈得电 → KM2自锁触头(4～5)闭合→液压泵电动机启动运转；KM2主触头闭合

QS2拨到“放松”位置，QS2所有触头都断开→电磁吸盘断电，可将工件取下。

QS2拨到“退磁”位置，（QS2开关向左时）→ SA1触点(3～4)闭合 / SA1触点(205～207) (206～208)闭合

→ KM1、KM2仍可正常控制，电磁吸盘线圈YH串R2反向去磁→工件退磁。

想一想

电磁吸盘充磁和退磁的时候电流方向一致吗?

任务三 M7130 平面磨床常见电气故障分析与检修

尽管机床日常维护保养后，降低了电气故障的发生率，但是不能杜绝电气故障的发生。因此，除了要掌握日常维护保养技术之外，还必须具备在电气故障发生后能够采用正确的检修方法和步骤，找出故障点并排除故障。

通过对 M7130 平面磨床电气控制电路图的深入了解，能够熟练地操作平面磨床并能调试。操作运行 M7130 平面磨床，观察看到的故障现象，确定故障范围，找出可能存在的故障点，结合电气控制电路图，用万用表等工具排除故障点。

一、M7130 平面磨床常见故障检修

M7130 平面磨床常见故障见表 4－1。

表 4－1 M7130 平面磨床常见故障

序号	故障现象	可能出现的故障原因	实际故障点
1	砂轮电动机不工作	QS2 拨向退磁的情况下，按下 SB1，KM1 不吸合，可能是 4→SB2→5→SB1→6→KM1 中某一线路或元件故障	5(SB2－SB1)
2	砂轮电动机不工作	QS2 拨向退磁的情况下，按下 SB1，KM1 不吸合，可能是 4→SB2→5→SB1→6→KM1 中某一线路或元件故障	6(SB1－KM1)
3	砂轮电动机不能连续工作	QS2 拨向退磁的情况下，按下 SB1，KM1 没有自锁，可能是 5(SB1→KM1)、6(SB1→KM1)中某一线路或元件故障	5(SB1－KM1)
4	砂轮电动机不能连续工作	QS2 拨向退磁的情况下，按下 SB1，KM1 没有自锁，可能是 5(SB1→KM1)、6(SB1→KM1)中某一线路或元件故障	6(SB1－KM1)
5	液压泵电动机不工作	QS2 拨向退磁的情况下，按下 SB3，KM2 不吸合，可能是 4→SB4→7→SB3→8→KM2 中某一线路或元件故障	7(SB4－SB3)

（续表）

序号	故障现象	可能出现的故障原因	实际故障点
6	液压泵电动机不工作	QS2 拨向退磁的情况下，按下 SB3，KM2 不吸合，可能是 4→SB4→7→SB3→8→KM2 中某一线路或元件故障	8(SB3 - KM2)
7	液压泵电动机不能连续工作	QS2 拨向退磁的情况下，按下 SB3，KM2 没有自锁，可能是 7(SB3 - KM2)、8(SB3 - KM2)中某一线路或元件故障	7(SB3 - KM2)
8	液压泵电动机不能连续工作	QS2 拨向退磁的情况下，按下 SB3，KM2 没有自锁，可能是 7(SB3 - KM2)、8(SB3 - KM2)中某一线路或元件故障	8(SB3 - KM2)
9	砂轮电动机、液压泵电动机均不工作	QS2 拨向退磁或欠电流继电器吸合的情况下，按下 SB1，KM1 不吸合，按下 SB3，KM2 不吸合，可能是 1→FR1→2→FR2→3→QS2→零线中某一线路或元件故障	2(FR1 - FR2)
10	砂轮电动机、液压泵电动机均不工作	QS2 拨向退磁或欠电流继电器吸合的情况下，按下 SB1，KM1 不吸合，按下 SB3，KM2 不吸合，可能是 1→FR1→2→FR2→3→QS2→零线中某一线路或元件故障	3(FR2 - QS2)
11	EL 灯不亮	101→SA→102→EL→零线中某一线路或元件故障	102(SA - EL)

平面磨床电气控制特点是采用了可吸持工作的电磁吸盘，所以电磁吸盘控制电路有较常见故障。其常见故障与处理方法见表 4 - 2。

表 4 - 2　M7130 平面磨床电气电磁吸盘控制线路常见故障与处理方法

故障现象	故障分析	处理方法
电磁吸盘没有吸力	① 三相交流电源是否正常，熔断器 FU1、FU2 与 FU4 是否熔断或接触不良 ② 插接器 X1 接触是否良好 ③ 电流继电器 KI 线圈是否断开，吸盘线圈是否短路等	① 使用万用表测电压，测量熔断器 FU1、FU2 与 FU4 是否熔断，并予以修复 ② 检查插接器 X1 是否良好，并予以修复 ③ 测量电流继电器 KI 线圈，吸盘线圈是否损坏，并予以修复
电磁吸盘吸力不足	① 整流电路输出电压不正常，负载时低于 110 V ② 电磁吸盘损坏	① 测量电压是否正常，找出故障点并予以修复 ② 检查线圈是否短路或断路，更换线圈，处理好线圈绝缘
电磁吸盘退磁效果差	① 退磁控制电路断路 ② 退磁电压过高	① 检查转换开关 QS2 接触是否良好，退磁电阻 R2 是否损坏，并予以修复 ② 检查退磁电压并予以修复

（续表）

故障现象	故障分析	处理方法
三台电动机都不运转	① 电流继电器 KI 是否吸合，其触点是否闭合或接触不良 ② 转换开关 QS2 是否接通 ③ 热继电器 FR1、FR2 是否动作或接触不良	① 检查电流继电器 KI 触点是否良好，并予以修复或转换 ② 检查转换开关 QS2 是否良好或扳到退磁位置，检查 QS2 触点情况，并予以修复 ③ 检查热继电器 FR1、FR2 是否动作或接触不良，并复位或修复

二、电气故障检修步骤及工艺要求

在教师的指导下对磨床进行操作，了解磨床的各种工作状态及操作方法。教师进行示范检修时，可把下述检修步骤及要求贯穿其中，直至故障排除。具体要求如下：

(1) 用通电试验法观察故障现象。

(2) 根据故障现象，依据电路图用逻辑分析法在电路图上用虚线正确标出最小的故障部位，确定故障范围。

(3) 采取正确的检修方法查找故障点，在规定的时间内排除故障。

(4) 检修完毕进行通电试验，并做好维修记录。

三、注意事项

(1) 工具和仪表的使用要正确，防止表笔造成短路。

(2) 检修时，要认真核对导线的线号，以免出错。

(3) 检修时，严禁扩大故障范围或产生新的故障，不得损坏电器元件或设备。

(4) 检修过程中，故障分析、排除故障的思路要正确，不得采用更换元器件、借用触头或改动线路方法修复故障。

(5) 故障查出后，必须修复故障点，不能采用更换元件的方法修复故障点。

(6) 停电要验电，带电检修时，要穿好绝缘鞋，必须在教师的监护下进行，以确保用电安全。

四、操作步骤

(1) 认真阅读 M7130 平面磨床的电路图和接线图，弄清有关电器元件的位置、作用及走线情况。

(2) 认真仔细地观察教师的示范检修。

(3) 学生通过通电试车发现故障现象进行分析，并在分析原理图中标出最小故障范围。

(4) 采用电压法或电阻法在故障范围内找出故障点。

(5) 排除故障，修复故障点。在这个过程中不得采用更换元件或改变线路的方法来修复故障点。

注意： 如果使用电阻法检测机床电气故障点，一定要先断开电源。

在实际检修时，机床电气故障是多样的，就是同一种故障现象，发生故障的部位往往也不相同。因此，电气故障检修时不能生搬硬套，应根据故障性质和具体情况灵活运用，力求迅速准确找出故障点。

想一想

电磁吸盘充磁故障和退磁故障的现象有什么不一样？

五、技能训练

在规定的时间内完成 M7130 平面磨床两个故障点的排除。具体要求如下：

(1) 排故时符合操作规程，保障安全文明生产。

(2) 平面磨床通电运行检查，观察平面磨床的运行，以书面形式写出故障现象。

(3) 分析故障现象确定故障范围，写出故障原因。

(4) 找出故障点并排除故障。

思考与练习

一、选择题（选择正确的答案，将相应的字母填入题内的括号中）

1. M7130 平面磨床(　　)启动后才能开动冷却泵电动机。

A. 电磁吸盘　　B. 照明电路

C. 液压泵电动机　　D. 砂轮电动机

2. M7130 平面磨床采用多台电动机驱动，通常设有液压泵电动机、冷却泵电动机以及(　　)电动机等。

A. 夹紧　　B. 砂轮　　C. 通风　　D. 摇臂升降

3. M7130 平面磨床液压泵电动机的电气控制电路采用(　　)作电动机过载保护。

A. 熔断器　　B. 过电流继电器　　C. 热继电器　　D. 接触器

4. M7130 平面磨床电磁吸盘控制电路具有过电压保护及(　　)。

A. 过电流保护　　B. 欠电流保护　　C. 过载保护　　D. 断相保护

二、判断题（将判断结果填入括号中。正确的填“√”，错误的填“×”）

1. M7130 平面磨床砂轮电动机必须能够双向旋转。(　　)

2. M7130 平面磨床砂轮电动机启动后才能开动冷却泵电动机。(　　)

三、分析题

1. 分析 M7130 平面磨床电磁吸盘的工作原理。

2. 整流器输出的直流电压是多少？

修

考文献

[1] 孙建忠，刘凤春. 电机与拖动[M]. 北京：机械工业出版社，2016.
[2] 李光中，周定颐. 电机及电力拖动[M]. 北京：机械工业出版社，2017.
[3] 李敬梅. 电力拖动控制线路与技能训练[M]. 4版. 北京：中国劳动社会保障出版社，2007.
[4] 人力资源和社会保障部教材办公室. 维修电工(四级)[M]. 北京：中国劳动社会保障出版社，2013.
[5] 人力资源和社会保障部教材办公室. 维修电工(五级)[M]. 北京：中国劳动社会保障出版社，2013.